空間論

存在への奇跡

われわれはどこから生まれてきたのか、
生まれてきた結果の
この空間とは何か

身軽村 若愚
Michalson Young

はじめに

　われわれはいま、21 世紀の時代に生きている。物理学はとうとう行き詰まった。

　いま人は、物質が原子から成ることを知っている。複数の原子たちが組み合って分子という構造をつくり、分子がつながった有機分子、そしてそれが生物の組織と臓器を形成し、臓器とその組織が別の有機分子を消化して生物活動とエネルギーをつくり出し、知恵をつくり出し、蓄積し、知識体系と文化を創成した。人間の働きとして文明を発達させ、生まれ育った地球から、別の惑星へ旅立つまでになった。

　微小へ向けては 顕微鏡でも見ることのできない原子より もっと小さいものとして素粒子を考慮し それらの挙動も推理する。これら微粒子といえども、いかにして存在することになったのであろうか。

　物質の根源的な性質からくる“物質たちの決まりごと”を究めようとする真に論理的な学問として物理学が始まったのは つい最近、ニュートン力学からである、としてほとんど差し支えないだろう。

　力と運動と質量(物質の性質とその量)との関係が一応は把握された。その物理を考察するためには 紙面に記述される。物体の運動の速さは 紙面に対する移動量 として記述されるから、物体の最も小さい点をペン先の一点で表現し、紙上に書かれたその“質点”の動き として論述される。かくして、物体の運動は紙に描かれる。

　音波は空間に広がった媒質中を伝わるけれども、物理学的に表現するには、やはり紙面に描かれる。実際の媒質は静止した空間(静止座標)にあるが、記述上は紙面に描かれる。紙に対する速度(速さ)として記録されるため、しばしば錯覚を呼んだ。

　いまの物理学において、光の速さは空気や空間に対する速さではない。まして、紙に対する速さでも、むろん、ない。静止空間を定義づけることもできていない。極めて曖昧で、何を基準にしているのか判らない状況にある。なぜこんなことになったのだろうか。

率直に言うなら、ドイツ生まれの米国人、アインシュタイン博士が言い出した相対性理論が原因になっている。その功罪はともかく、理論の基盤は“光の速さは勝手な運動をしている誰から見ても常にc（c≒30万㎞/sec）、つまり不変である”に置かれる。はなはだ奇妙である。さらにそこから導かれるという奇妙な結論の数々は、悪い冗談としか聞こえないものである。驚くなかれ、大学で有力な多くの教授たちが、これで正しいと信じているらしい。

誇るべき物理学がこれによって流れがせき止められ、稚拙な物理学に堕している。この のど詰まりは 予想のほか大きい。世界中の科学者たちが、これで正しいことにしようと申し合わせ、新しい芽が出かかると、すぐさま踏み潰す約束になっている。信頼できるはずの学問はこの有様であり、政治や流行と変わらぬ浮薄さをもつのである。

このままでは真の物理学は望むべくもない。いま2019年、筆者もこれまでの10年間ばかり、開かずの扉の前で悪戦苦闘してきた。若い物理学者たちが芯の通った物理学を目指して活躍できるような聡明な場の到来を望むならば、この刻版を読んでみようという少数の方たちの目に止まる小さな化石として、どこかに置いておかれる必要がある。

本版ではすでに相対性理論を超え、何が正しいのか、静止座標はどこにあるのか、物はいかにして存在したのか、それらが整然と理解されようとしている。ややこしいものではない。“空間論”を 若き諸君に捧げる。自ら考えようとする諸君こそが、より正しい物理学をこれから切り開いてくれるにちがいないから。

空間論　存在への奇跡　目次

——われわれはどこから生まれてきたのか、生まれてきた結果のこの空間とは何か——

空間論　存在への奇跡　頁

第1章　古代論

古代論――科学のあけぼのと天文学

人類の発生と歩み

古代人の頭脳が現代人と同じレベルに達したのは、サピエンスであるとされる。今からほんの一瞬だけの過去である。人の平均寿命が100歳だとすると、約400人分の年月にすぎない。そのころからわれわれの頭脳はほとんど進化していないとわたしには思われる。もちろんそれは、霊長類である人類の元の誕生が250万年昔のことであるとした場合の、その2.5ｍの物指からすれば8㎝であると表現することができる。

生命分子が誕生したと推定される40億年の乗るスケール45ｍ(地球誕生から)の目盛りで言えば、最後のわずか0.25ミリの間に、そのサピエンスから現代人までの文化が築かれた。

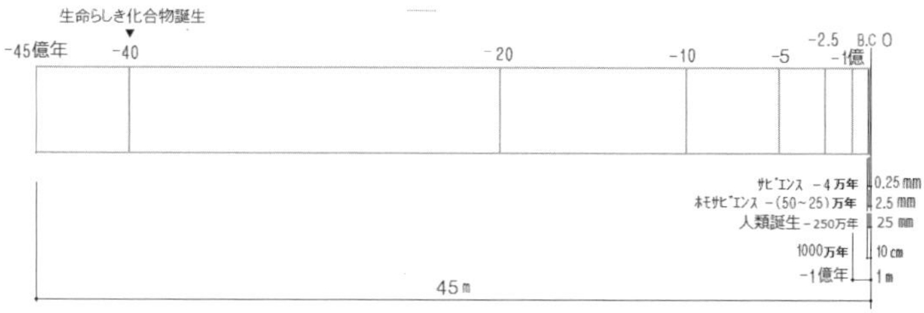

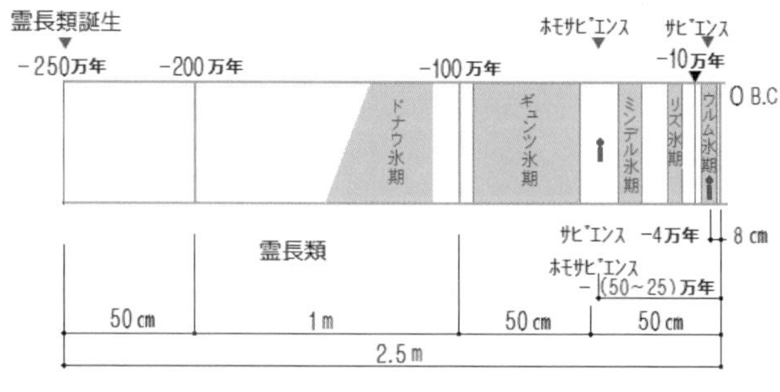

古生物学者ジョルジュ・キュビエ(1769～1832)によると、人々が抱いていた感情、つまり“考える人(人類)”は自然界とは別の存在であった、という考え方は原始人類の実態とはほど遠いもので、原始人類は明らかに、自分の特性と似通うものを多く見出していた。(『最初の人類』原著ジョルジオ・P・パニーニ)

ダーウィンは『人間の由来』でしぶしぶ必然的な一歩を進め、「人類が自然の一部であり、すべての生物の同類である」ことを示した。人類は、思考力が芽生え、発達し、地球上の他の生物の手の届かない段階に達するまでには長い進化の道を旅したのである。（ジォルジオ・P・パニーニ）

自然の物理が解き明かされることをこの本は主題としている。ぼく達が近代の物理学を考慮してゆくほどに、人の頭脳は古代から次第に目覚ましい進化を遂げたわけ“ではない”ことが判ってくる。つまり、学問が急に進歩するようになったのは人が言語と文字を発明してからだ。

それでもぼく達は物理への果てしない興味を棄てることができない。それほど物理学はわれわれを魅了するのだ。われわれの知恵を検証してみるためにも、先輩である古代の人々に思いを馳せてみたい。

文字を発明したとき、人類サピエンスは昏睡から覚醒した人のように、そこから宇宙の進化を記憶するようになっていった。そして、それ以前の記録（記憶）がない。だがすでに現代人並みの知能を持ち、仮に現代の学校教育が施されるなら、高等数学も理解できただろうと思われる。不足していたのはデータの蓄積だけだ。現代人に蓄えられたデータが当時与えられたとすれば、リニア高速鉄道を建設することも可能だったかもしれない。その証拠に、（重機を持たなかった時代に）ギリシャ・ローマに現在の遺跡として堂々たる神殿を精巧に築いている。この建築技術を支えた頭脳は現在の科学者の頭脳にいささかも劣らないと考えざるを得ない。古代ギリシャの政治も、問題だらけの現代よりか、はるかに優れている。

紀元前750年頃のギリシャでは独立の政治単位が続々と誕生し、それぞれ自治権を主張して、外部の何者にも臣従の義務を負わない数百から数千の市民からなる。こうした国家形態がポリスと呼ばれる都市国家で、ギリシャの壮大な文化を築きあげる基盤となる。

前6世紀末、僭主政が打倒されたアテネで、クレイステネスが国政の改革を行なう。市民を血縁的な4部族制から地縁区分による10部族制に改めた。アッティカを町・海岸・内陸の3地域に大きく分け、各地を10の部分に分割、そして3地域から1部分ずつをとりだし、その3部分をあわせて一つの部族とした。五百人評議会を設置し、民会での審議事項を先に議論した。彼の改革は、民主政の基礎をつくることとなる。

古代哲学

神は人類に、なぜこうも驚異的な可能性を与え給うたのであろうか。わたしは人類が“科学的な”見方・考え方をするようになったのは紀元前280年ぐらいからではないかと思っている。いま“科学的な”と呼んだのは、真に自然の起こす現象の説明、したがって実証主義的思索を指している。それゆえ、それ以前のことをわたしは古代と呼び、これから科学的発見例を見てゆくにあたって、人類文明のなるべく初期のものから、その古代を見直しておきたいと思う。

古代の人々が歩んできた足跡は人類の過去からずっと続いてきて、われわれの時代をわれわれが歩み、そこから先へも続いてゆくことになる。その足跡は次のことを教えてくれるだろう。人はこれまでに何が与えられ、何を望み、何を得てそれが何をもたらしたか、自然の力をどのように受け止めどのように利用してきたか、ならびに、人類の進歩はこの先どのような性質をもとうとしつつあるかを。

古代の哲学思想はギリシャの哲学思想であるといいえよう。このギリシャ哲学思想は紀元前600年ころ誕生したとされる。イオニア諸都市のうち、ミレトス市に発生した哲学思想をミレトス学派と呼ばれ、その世界観は、一切の事物は唯一の本源から発したものだと考える一元論である。その後発生した2つの思想の内の1つであるエレア派のパルメニデスは「存在」の概念から出発し、「存在のみがあり、非存在はあることなく、考え得ない」とする。別のヘラクレイトス派は「万物は流転してやむことなし」という考え方である。この2つの思想を合わせて、不変の原質と、生成変化の事実とを説明しようとする第三の思想が発生した。エムペドクレスは地・水・風・火を「万物の根」として、元素であるとし、これらは動かないものであるからそれを動かすものが他になければならない。それは「愛と憎」の2つであり、宇宙は愛が勝って混合した状態と憎が勝って物質が分離した状態との両極間を往来すると考えた。

アナクサゴラスは根底をなす物質をクレマタまたはスペルマタ(種子の意)と名づけ、運動させるものをヌース(精神の意)と名づけた。原子論者は、「存在」というのは空間を充実させ、しかも分割できない、ただ分量上の形や大きさや運動の差異だけがある単元であると考え、アトマ(原子)と名づけた。原子は自ら動くもので、運動は物質の根本的属性であると考える。

ヘラクレイトス(紀元前540年頃～ 同480年頃？)は万物の変化を説き、その変化の関係や規律だけは変化しないと主張した。その変化しない関係・規律こそ「存在」であると考える者が現れる。ピュタゴラス派の数論である。この学派の思想は、「数」が万物の常住的本質であるという。万物は数より成立し数にかたどって存在すると考え、彼らはその数論をあらゆる現象に応用し、天文学の発展に貢献を残した。紀元5世紀の中ごろから大きな変化、つまり多くの原理を融合しようとし、生理学、医学、数学、天文学などの進歩が生まれた、これを背景として、ソフィストの哲学が活躍し始める。その哲学的考察の中心は「人間」であった。

アリストテレス(紀元前384～ 322)は、トラキアのスタゲイラに生まれた。彼はリュケイオンという学校を開いたが、その逍遥歩廊(ペリバドス)を逍遥しながら議論を交わしたことから、ペリバドス派と称される。アリストテレスの哲学体系で重要なのは論理学、自然哲学、形而上学、実践哲学の4つである。自然哲学においては、自然は目的に従って活動する1つの団体であると考えている。

すなわち、一切の実体は神を究極の目的としつつ自分の形を実現してゆくものである。目的の実現は常に運動によって成就される。運動には3種あり、場所の変動、性質の変化、分量の増減である。世界は空間的には限りがあり、形は円形である。運動は始めなく、終わり無いものであり、同様に、世界は時間的に限りのないものである。彼の形而上学は存在としての存在を対象とする第一の哲学であって、存在と生成の根本形式の学問である。概念をもって思惟される事物の不変不易の本質が実体である。実体は個物に内在しているものであって、個の外に存在するものではない、とした。
さてこれから、哲学から自然科学への過程を見よう。

発見の歴史

確かな理性が不動の発見をする
紀元前280年　天体の大きさと太陽中心説　アリスタルコス

このような天才を科学的発見者としてまず初めに引くことができようとは、なんと喜ばしいことか。 その人の名はアリスタルコス。その国はギリシャ。人がいだく“常識”のおよそは貧しく、“真理”はいかに想像を超えるものであるかを心得ておけば、いちおう科学者としての幸運の網が準備されているといえよう。冷静な理性こそが、“何かに”気づくことができる。分りきってる、と言わんばかりに眠りこけている常識に対し、毅然とした確かな推理をもって臨めばおのずとよい発見へ導かれることができよう。もっぱら権威に盲従し、固定的な観念や常識から離れて考えてみようとしない人が新しい真理を見つけるはずはない。偉大な発見に出会いたければ、少なくともそれに必要なことは、彼らの群れから出てみることだ。その恰好の手本が紀元前にすでに見られる。ギリシャの科学者アリスタルコスを挙げようと思う。

彼よりのちの権威たちが結集して彼を否定し、数百年にわたって自信たっぷりに誤っていたことが、やっと近世になって正された。その正されたとおなじ考えを、紀元前数百年も前に示していたのである。悠に千年を超える年月を要したわけだ。いまだに彼の功績が色あせないのは、それが“確かな”考えであったからである。

ギリシャの哲学者アナクサゴラスが太陽は南ギリシャほどの大きさの岩の塊であると述べて、アテネの保守的な考え方をする人々の反感を買い、あまつさえ、裁判によってアテネから追放されてしまった。人々にとって、あんなに小さく見える太陽がギリシャほど大きいわけはなかったのだ。それから2世紀がすぎ、ギリシャは自然に対する視野が広がるとともに、斬新な思想も寛大に取り扱われるようになる。

そんななか、ギリシャの天文学者アリスタルコス(Aristarchus 280B.C)は初めて、天体の大きさを決定することを試みた。驚くなかれ、紀元前280年ころすでにアリスタルコスは月食でみせる地球の影から、月は地球の3分の1ほどの大きさをもつ天体であると推定した。また三角測量を応用して月と太陽の相対的な大きさも算定した。正確さはともかく、天体が地球に匹敵する大きさをもつことを初めて示した。

また太陽が巨大であることから、地球ではなく太陽が宇宙の中心であり、地球を含む他の天体が太陽の周りを回っているという考えを抱くようになった。太陽というものは実体のない光の玉とみなされており、かたく重い地球がその周りを回っているという考えは、当時の人々には馬鹿げたことにみえたのである。彼の冷静にして客観的な、否定しがたい合理性に、案外、世間は冷たい反応を見せたのだろう。大多数の人にとって、目の前に見えるものは大きく、実在感をもってせまる。そういった場合、自己中心的な誤りを冒しやすい。それにまた、新しい提唱が人々にとってあまりに常識と隔絶する場合には、その評価はずっと遅れて訪れるものだ。

思索からめぐりめぐった発見
紀元前250年　アルキメデスの原理

《ひらめき》が天の恵みとなった例は多いが、長い思索の末にそれは訪れる。この人もギリシャ人だ。

アルキメデス(Archimedes　287～212B.C ギリシャ)は『浮体について』という著作のなかで、「流体中にある物体にかかる浮力は、それがおしのけた流体の重さに等しい」というアルキメデスの原理を、純理論的に導き出すことができた。

ローマのヴィトルウィウスになる『建築十書』によれば、そのある日、いい考えの浮かばないアルキメデスは気持ちのよい公衆浴場へでかけた。当時シラクサ王ヒエロンが純金の塊を職人に渡して王冠を作らせたところだった。ところが職人が金の一部をくすね、代わりに銀を混ぜたという噂が広まる。そこで王はアルキメデスに真偽のほどを確かめるよう頼んだのだった。

湯が満々と湛えられていた風呂に彼が入ると、いっぱいだった湯は彼が身を沈めるほどに溢れ落ちた。とたんに解決法がひらめいて風呂から飛び出し、喜びのあまり裸のまま、「エウレーカ(分ったぞ)！」と叫びながら家へかけ戻ったという。無理もない、おそらく複雑な王冠の体積をどうやって測ったらよいかと考えあぐねていたのだから。

アルキメデスは、王冠と、王冠と同じ目方の純金と、同じく純銀を、順に水に沈め、器からこぼれ出る水の体積をはかった。王冠のほうが純金より多くの水をおしのけることから、銀が混ぜられていることをあばき、その割合まで計算した、と史実には記録される。

理屈としてはそのとおりであろう。じつに分かりよい。だが、桝の縁では水の表面張力によって縁より上まで盛られ、溢れた水のわずかは桝の側面に水滴になって付着するだろう。よく考えると溢れた水を精密に量ることは案外とむずかしい。しかし王冠とおなじ目方の純金も純銀も、直方体に造りだすことはでき、その3辺を測って体積は求められる。目方を体積で割れば純金と純銀の比重は決まる。王冠の比重は？ これがわかりさえすれば、銀が混ぜられているかはわかるはずだ。王冠の目方はすぐわかる。問題は王冠の複雑な形からどうすれば王冠の体積が算定できるかである。

アルキメデスはいろいろと計測の仕方を考えていたことだろう。部分ごとの厚みを精密に測ることさえ難題である。もしもどんな形だって、おなじ体積だけの水がこぼれるのなら、ガラスのメスシリンダーに王冠を沈めてみれば、ちょうどそれだけ目盛が増すにちがいない。こんな簡単な方法があったとは！ 裸で彼が飛び出したとして、無理もない話である。溢れた容積を測る代わりにその水の重さを計量してもよい。王冠を沈めてみて、浮力で秤の目盛の減った分がそれである。物体が“おしのけた水とおなじ目方の水の体積”がその体積である。 アルキメデスにとって、溢れた湯でアルキメデスの原理を見出したというよりも、アルキメデスの原理が王冠問題を精密に解いたのである。

こうと決めた“誤謬”にはたくさんの説明を要する

紀元前150年　天動説の整備

天に2種類の運動がある。もちろんこれは、紀元前150年での話である。恒星の日周運動と、その天の上で太陽、月、惑星が黄道に沿って動く運動とがある。太陽や月は一定方向に動くが、惑星は時に逆行することもある。この現象をどう解釈するか古代の天文学者の間で意見がわかれた。恒星が1日に1回まわるのに比べ、太陽は恒星より角度にして1度ほど遅れ、惑星も遅れる。月は1日に13度も遅れる。それを古代には、天球は1日に1回転するものであって、恒星は天球にはりついて一緒に回り、太陽、月、惑星は、回転する天球上で逆回りに回るとした。ローマの建築家ヴィトルヴィウスは、これを"碾き臼の上を蟻が逆回りに回る"様子に喩えている。太陽、月以外の惑星には逆行するものがある。プラトンの弟子エウドクソス（前408～）はこれを回転軸のちがった同心球を組み合わせることによって表現した。

惑星は時に明るく、時に暗く見え、距離が変化するように見える。アポロニウスなど数理天文家は、離心円（円の中心から地球の位置をすこしずらしたもの）や周転円（天球上の1点を中心とする小さい円周上を回りながら惑星は天球を回っている）を導入して説明しようとした。数学的には惑星の複雑な運行をほぼ完全に表現できるに至った。

さらにヒッパルコス（前 190～）は春分点が黄道上を移動することを認め、これが歳差運動（今日約2万6千年周期とされる）である。これらの天の動きを集大成したものが、2世紀、アレキサンドリアのプトレマイオスの手になる天文学書『アルマゲスト（偉大なる書）』である。

これらの思想では、周転円などの機巧は"見かけを救う"ための数学的工夫にすぎず、物理的な説明はアリストテレスの『天体論』によって与えられるが、エウドクソス式の同心球立体モデルの宇宙を説明するものでしかなかった。不思議なことは、これらの天体がどう動くのかには熱心であるが、なぜ動くのか、なにが動かしているのか、を誰も考えなかったことである。

第2章　中世の天文学と物理学

天文学から物理学へ

貴君もまた、うすうす感じているだろう。未だにまだ、運動している物の寸法がその速さとともに縮んだり、物の時間が伸びるなどという胡散臭い“相対論”というものがあって、なかなか払拭することができないことを。これまで受けてきたぼくらの学校教育でも、しっかりと植え込まれてきた。諸君はこれが正しい物理学であると信じられるだろうか？ こんなにうっとうしく、厳めしい枷を脱ぎ捨てて、自由と希望の託せる明快な学問へ、この物理学を解放しようではないか！ そのためにまず、2021年現在においてもなお謎とされる“光はどこを通るのか(光は何に対する速さをもつか)”を本書では解こうとする。諸君とともに解いてゆこう。

これに先立ち、そのために知っておくべき可能性という道具を調べておこう。つまり、これから見るいくつかの先輩たちの“知恵”がぼくたちを導いてくれるということだ。もう一つは、信用できない学説の上にうっかり立たないためだ。前もってお伝えしておくべきことは、こうして得られる本書が述べる内容は、世界でまだ誰も言ったことのない革新理論へ近づこうとしていることだ。

早速**コペルニクス**から見てゆこう。

主観論に立つ数学が、ときに物理学を誤らせる

140年　地球中心の宇宙　嵌まってしまった天動説

古代最後の天文学者プトレマイオス(Claudius Ptolemaeus 2世紀)は先に述べた『アルマゲスト』を著す。この本の中でプトレマイオスは、地球を宇宙の中心に据え、その周りをすべての惑星が複数の円運動を合成した運動をしながら回っているという体系を描き、惑星の運動を予測する数学の方法を確立した。その後1400年にわたり後世の人々に長く受け入れられてきた。彼はアストラーベと呼ばれる天体の緯度を測る機具を用いて天体を観測していた。

しかし、天体の運動を解くと思われた数学は、物理そのものは解かない。数学は天体運動をどの天体かに決めた数学的主観に立って進めることができ、それゆえ数学は物理理論を誤らせることがある。いまや地球中心説が誤りであることは周知の事実となっている。

ついには辻褄の合う考えに帰する

1543年　太陽中心説　コペルニクス

アリスタルコス(280 B. C)が唱えた太陽中心説は長いあいだ無視されていたのに対し、ヒッパルコス(150 B. C)やプトレマイオス(150年)の地球中心説(天動説)が、何の疑問を抱かれず受け入れられてきた。それら天文学者たちはアリストテレス流の天動説を擁護するために、アリスタルコスの説がいかに理に合わないかを論駁している。プトレマイオスの『アルマゲスト』でも、地球は天空の中心であることを、アリストテレス的論議で証明してみせている。このような情勢であったから、アリスタルコス流の地動説は近代に至るまで、論壇で主流を占める宇宙論説となるには、証拠も不足し、説得力も乏しいとされてきた。

しかし、地球中心説から惑星の運動を計算するのはやっかいであった。太陽と月は恒星の間を西から東へ一定して運動するが、他の惑星はしばしば進む方向を反転させたり、天球上を移動しながら明るくなったり暗くなったりすることが知られていたからである。そうしたなか、ポーランドの天文学者コペルニクス(Nicolaus Copernicus 1473〜1543)は地動説天文学をつくりあげることに一生を投じた。若い頃、遊学先であった北イタリアの都市でアリスタルコスの説に触れ、刺激を受けたにちがいない。太陽を中心に置いた天文学を創りあげるために研鑽を積み、ついに1543年、彼の主著『天体の回転について』が出版され、それは彼の死の床にもたらされた。

彼は1507年、アリスタルコスの考えに立ち帰り、地球を含むすべての惑星が太陽の周りを回転していると仮定したら、惑星の逆行現象を簡単に説明できるのではないかと考えた。それはまた、金星と水星がなぜいつも太陽の近くにいるのか、そして惑星が明るくなったり暗くなったりするのはなぜなのかも明快に説明がついた。

もっとも、自説を提唱する際コペルニクスは、古代ギリシャの考え方をすべて捨て去ったわけではなかった。彼は惑星を円と円の組み合わせによって描かれる軌道上を動くという古代ギリシャの捉え方には固執していたため、その点に関しては不必要な複雑さをそのまま残すことになってしまった。

アリスタルコスと比べてコペルニクスの評価された点は、アリスタルコスの考えを使って実際に惑星の運動を計算し、複雑さを軽減し、天動説の『アルマゲスト』に対置される地動説天文学の体系を示したことである。

ところが、当時キリスト教会は地球中心説を聖書の教えと合致すると考えていたため、コペルニクスは自説を仲間うちで回覧させただけであった。最終的には熱心な友人たちの説得にあい、出版を決意、その成果が『天体の回転について』と題する書物となって結実したものである。コペルニクスは教会の心証を害さないための配慮から、その本をローマ法王パウロ三世に献じ、そのまま亡くなった。コペルニクスが危惧したとおり、この本の出版は大きな騒ぎへと発展した。カトリック教会はこの本を禁書目録に載せ、信者に読むことを禁止した。それは禁止令が解かれる1835年まで続いた。

『天体の回転について』はギリシャ天文学を根底から覆すものであったが、受け入れられるまでにはそれから50年の歳月を要した。一説によれば当時の天文学者は、十中八、九がコペルニクス説に反対であったからだ。天文学者の義務が、観測とよく合う幾何学的モデルを作ることであるとすれば、プトレマイオス流の周転円理論で十分であった。それは、中世ルネサンス天文学を経て、技術を累積させ、ずいぶんよく観測に合う理論スキームを作り上げていた。最近のコンピュータによれば、コペルニクスの体系よりプトレマイオスの天文学のほうがむしろ観測に合うという。なるほど観測と理論との一致が目的なら、周転円をうまく按配すれば観測結果にも合わせることができる。しかし、円をくっつけていくと、ますます醜悪な宇宙像になり現実性が欠けてくる。そんなことよりも、もっとすっきりした宇宙像をつくる。それがコペルニクスの地動説であって、彼の美学であった。天文学者はやがてプトレマイオスを捨て、巨大な地球が一年かけて太陽の周りを回っているという事実を受け入れるようになるのである。こうしてコペルニクスの本は、科学革命と呼ばれる出来事の始まりを告げることになる。それは近代の人間が新しい方向に独自の歩みを進め、頂点を極めることもあり得ることを最終的に示したわけである。

ところで注意すべきことは、そういった頂点と見まがうものが、アリストテレスやプトレマイオスによって極められたのに似せて、一時期の蜃気楼のように現れることも、科学史の中でよく起こることを知っておく必要がある。それは近代においても起こった。その例の一つに、「相対論」をあげることを私ははばからない。

厳格な解析とイマジネーションとが発見をもたらす

1604年　落下の法則の発見　ガリレオ

ガリレオ・ガリレイ(Galileo　Galilei　1564～1642 伊)は18歳でピサ大学に職を得た。当時支配的であったアリストテレスのスコラ哲学には属していない。権威に縛られていなかったと言ってよいだろう。アリストテレスの運動学は「火、空気、水、土の四元素には一定の秩序がある」という考えから、落体の速さはその重さに比例し、媒体の密度に反比例するとしていた。

ガリレオも、浮力の作用が空気にもあって、落体の速さは空気の密度の大小で決まると考えた。しかし実験をしてみると、玉の落下時間の差は密度の差に比べあまりにわずかであった。

スコラ哲学者ビュリダン(1340～58 仏)は「投げられた物体が手をはなれてもなお飛び続けるのは、手の運動のインペトゥス(impetuous 勢い)が物体に伝えられるからだ」と考えた。ガリレオは1592年、パドヴァ大学に移ってビュリダンのインペトゥス理論を知ったらしい。落体の速さは密度だけでなく、丸めた紙と伸ばした紙のように、形にもよることに思い当たった。浮力だけでなく媒体の抵抗も考慮する必要があって、落下運動の研究には真空中でなければならないことを確信した。

アリストテレス派の学者たちは真空の存在を認めていなかったので、そもそも真空中での研究はありえなかったが、ガリレオは原子論を支持しており、“原子同士のすきまは真空である”という考えをもっていた。そうすると、水中でスローモーションでみるような実験は不適切で、物体は水の抵抗ですぐに一定の終端速度に達してしまう。動きをゆっくりと見せるものでガリレオが目をつけたのは振り子の運動か、斜面を転がる玉の運動である。斜面上を転がる玉は単位時間ごとに1、3、5、7と、移動する距離が増すこと、落下運動は斜面の傾きが極限に達した運動にほかならない、という結論を1604年に得た。その結果を「落下速度は落下距離に比例して増える」と考えていたことが誤りであることに気づいて、「落下速度は落下時間に比例する」という正しい法則に達するのが1609年である。気づくまでに5年も要したとは意外であるが、そのころ、彼は望遠鏡による天文的発見も行なっており、地動説の証明と普及に時間を奪われていた。

その後、彼が1632年に出版した『天文対話』のために異端審問にかけられ、地動説の放棄と謹慎を命じられる。中断していた運動力学の研究を再開し、1638年、口述による大著『新科学対話』の原稿を書き上げ、オランダで出版された。もちろん、法王庁からはガリレオの再版を許すなという特令が出されていた。『世界の伝記―ガリレオ』からそのくだりを、略しながら引かせていただくと、オランダの著名な出版者ルイ・エルゼヴィルが1636年7月、ガリレオのアトリエへやってきた。

「ヴェネツィアで閣下が新しい本の出版元をおさがしと聞きました。わたしどもの国では、出版を制限しようとする権威はまったく存在いたしません。」

だが、出版の事実はじきに法王庁に知れるだろう。ガリレオの不安そうな様子をみたエルゼヴィルは言った。「こうしてはいかがでしょう、閣下。原稿の写しを作っていただいた上、わたしはそれを持ち帰り印刷する。ローマから何か言ってきましたら、“知らぬ間に異教徒めが写しを持って雲隠れした”と閣下がおっしゃる…。」

久しぶりに笑ったガリレオは笑っているうちに一層おかしくなって腹をかかえた。そうだ、いっそのことこの本を法王がしてやられたリシュリーの国のだれかに捧げれば、ユーモアとしても最高だろう。うん、パドヴァ時代に家庭教師をしたことがある。フランスのノアイユ伯爵がいい。“ノアイユ伯へ”の献辞のあとに「あらゆる本の刊行を禁じられたわたしであるが、せめて原稿の写しだけは保存したいと考え、ノアイユ閣下がローマへの訪問途次、立ち寄られたので、右のことをお願いした。閣下は、わたしの原稿を方々で見せられたらしく、やがてエルゼヴィル氏が、その出版を引き受けてしまったのである」と付いて、ガリレオの笑いがまだ続いているような献辞ではないか、とある。

落下運動の法則の確立はフランス、オランダ、イギリスに芽生えていた若い科学者たちに大きなよりどころを与えた。ガリレオが他界した1642年(旧暦)の暮れにニュートンが生まれた。ニュートンはのちにガリレオの落下法則を中心とした力学の考え方をもとにして天体の力学の解明に成功する。

矛盾をきらう探究こそが真理に迫る
1609年　ケプラーの法則

太陽中心のさらに正確な天体運動を描写したのがつぎのようなケプラーの法則である。

第一法則――惑星の軌道は、太陽を1つの焦点とする楕円である。

第二法則――惑星と太陽を結ぶ線分は、各惑星について、一定時間に一定面積をえがく。

第三法則――惑星と太陽との平均距離の3乗は、その惑星の公転周期の2乗に比例する。

16世紀最後の1600年2月、プラハの近郊ペナテク城でふたりの亡命者が出会って、師弟の契りを結んだ。前ウラニブルク天文台長ティコ・ブラーエ(1546〜1601)とその弟子グラーツ高校の数学教員ヨハネス・ケプラー(Johannes Kepler 1571〜1630 独)である。デンマーク貴族であったティコは、観測熱心のあまり宮廷作法を無視したため新王から追放され、ケプラーは改宗を拒んだため新市長から解職されていた。たまたまドイツ皇帝ルドルフ二世の向学心のもとで、この両人の共同研究生活が営まれだした。それは1年8ヶ月と20日しか保たれなかった。ブラーエの余命が意外に短かった。しかし、ケプラーはこの短期間に師の観測精神と技術精度を体得した。師が弟子に遺したのは、かの財産没収にさいしても肌身離さなかった火星運行の記録だった。それは長期継続的であったばかりでなく、厳密正確性において当代随一であった。

ケプラーは生来病弱である上に貧乏と戦災にさいなまれたが、そんな生涯のなかでも、ブラーエの意志伝承を生き甲斐としたからこそ、逆境に勝ち得たのだという。

ケプラーはグラーツ時代に『宇宙の神秘』という試論を著した。火星は公転周期687日ごとに太陽系空間の同一点に戻るが、地球はその間に10分の1周ずつ移動する。この移動点を結んで、まず地球の軌道を定めた。太陽からほんのすこし離れた位置に中心を持つ離心円であった。次に、軌道上の速度が、太陽の近くでは速く、遠くでは遅いことがわかった。これにはいくつかの誤った仮定と計算が含まれていた。たとえば「惑星公転の原動力は太陽内の磁気である」、「太陽の自転により惑星はたえず推進させられる」その他があって、これらの誤りが打ち消しあって第二法則を得た。だが、離心円としたのでは、ブラーエの観測値と8分もくいちがうので、卵形を仮定してみたが、第二法則を満たすには楕円でなければならない。すなわち、第一法則を確立した。ときに1609年のことである。

第三法則は1619年のケプラー著『世界の調和』で公表された。これは中世神秘思想に覆われた哲学書である。その命題八として第三法則が埋もれていた。

これらの法則の中には、いったい天体たちをこのような振舞をもって動かしている原因は何であるか、についてはほとんど考察されていない。そこでは観察主義という、科学研究の上では最も貴い立場が守られている。ただそれは精密描写に終わる懸念はあった。もっとも、太陽の磁気か自転という、それが正しいことではなかったにせよ、今にも何かに気づきそうなところまで来ていたのだが。

この種の精密さはまだ解析幾何という数学的規則性を見出そうとするだけで、なぜそれは起こるかについては、——それこそが物理学であったのだが——考え及んでいない。そのかなり近いところまで来ていたのがケプラーとガリレオであった。コペルニクスの前にはアリストテレスとプトレマイオスという哲学の権威、その権威に結びついたキリスト教会という2つの壁が、またガリレオとケプラーの前にも宗教による弾圧という壁が、立ちふさがっていた。

しかし、この重苦しい中世哲学や宗教から、いまにも純粋学問へ開放されようとしていた。もうたすきを受け取るばかりの数学者ニュートンが待ち受けていたのである。ニュートンは、この天体法則とガリレオの地上実験とを結合して1687年、万有引力の発見へ導く。ケプラーの第三法則はこの万有引力を力学の基礎方程式とする解として与えられる。

幾何学から物理学へ

1687年　万有引力の発見　ニュートン

身近な観察からでも大発見がある。1687年、アイザック・ニュートン(1643～1727 英)は著書『プリンキピア』のなかで、ガリレオ、デカルト、ホイヘンスらの成果を進め、天体間の力が質量の積に比例し、距離の逆二乗に比例する万有引力であることを初めて示した。

コペルニクスの地動説は、当時支配的だったアリストテレス流の「天体は自ら円運動を続けるが、地上では力の働くあいだ運動する」と考える自然学と両立せず、この問題が解決される必要があった。ケプラーは、太陽から出ている力によって惑星が回転していると考え、思索の末、ケプラーの三法則を見出した。ガリレオは地上の力学において、自由落下の等加速度運動を明らかにした。イギリスのフック、ハリーらは、惑星を動かす力は距離の逆二乗に比例するという考えをもったが、楕円を導く計算はできなかった。

ハリーは1684年8月、ケンブリッジの数学者ニュートンのもとへそのことを相談に訪れた。「力が逆二乗に従って物を引っぱるとすれば、その軌道はどんな形になるでしょうか」すると、「楕円です」とニュートンは答えた。ニュートンが計算したのは18年も前のことで、当時流行っていたペストを避けてウィルソープのいなかに帰っていた。彼は地上で糸につけた玉を回転させるのと同じように月の運動を考え、遠心力に気がつく。この遠心力に逆らって月を引きとめている糸に代わるものは何なのか。そんなことを考え続けていたある日、庭のリンゴの木から実が一つ落ちた。これは地球の重力がリンゴを引っぱるからだ。すると、リンゴを引っぱっている地球が月も引いているのではないか。そうだとすると、地球からの距離に応じて引力の大きさはどう変化するのかを考えた。彼は距離の二乗に逆比例すると仮定して計算してみると、月に働く力と地球でリンゴを引く力とがよく合うことを確かめた。ニュートンがこれをすぐ発表しなかったことの理由がある。それは地球の重さがすべて重心にあると仮定してよいものか確信がなかったからである。それでよい[1]ことを確かめ、逆二乗であれば楕円軌道となることを証明し、リンゴの重力と月の引く力が同じであることを示した。

万有引力の法則に対する反対論の一つは、力は自然の基本ではなく、運動こそが自然の基本であり、力は衝突の結果によって生じる二次的なものだとする当時の考えからすれば、すべてに備わるという“万有引力”なるものは、古い神秘的なものへの逆行とさえ見えたのである。“万有引力”をさらに別のものから説明すべきだという考えを、ニュートンも持たなかったわけではない。

フランスで力のあったデカルト派と、ニュートン派(1730年頃ニュートン力学が紹介された)との対立から地球の形状をめぐる論争となり、実測によってニュートン派が勝利する。以後、万有引力による天体力学が解析数学によって大きく進展する。こうして万有引力が、自然界の基本となる“力”であることが認められただけでなく、電磁力など18世紀以降の物理学の発展において一つのモデルとなった。

運動を起こさせるものが何であるかにまで踏み込んだことは、それまでの幾何学から自然の法である物理学をはじめて確立したことを意味する。ニュートン力学の大きな意義はそこにあった。実際、万有引力が電磁力などのモデルとなる「場」の考え方への萌芽であるとみられる。現代の場の理論からさかのぼれば、重力が逆二乗に従うことを容易に思いついたであろう。科学史家は現代からさかのぼって史実を見ることができるが、当時の科学では未来のことはなにも知らないで進めている。その時代の考えが幼稚なものにみえても、その時代にとって、きっとそれが最も進歩的な考え方だったのだ。発見とは、発見されたのちの人たちが感じるよりもはるかに感動的で大きな出来事にちがいない。

リンゴの実がおちてひらめいたというのは事実かという話がある。スタッフリーの『回想録』で描かれていることによれば、《(1726年4月15日)ディナーの後、庭に出て林檎の木々の蔭でお茶をいただきました。(ニュートン)卿とわたくしとだけでございました。…卿は申されました。昔、重力の考えが心に浮かんだときとまったく同じ具合だね。瞑想に沈んですわっていたとき、たまたま林檎が落ちてはっと思いついたんだよ。》(『世界の名著 ニュートン』)

その『世界の名著　ニュートン』の責任編集、河辺六男氏は

「わたくしはこの話を荒唐無稽と一蹴しようなどとしているのではない。集中的な思索の末に些細な機縁で新しい着想がひらめくことは十分ありうることだし、むしろ真に独創的な認識は単なる論理だけで得られるものではなく、常に直観に頼っていることの寓話としてもよいとさえ思っている」と続けている。

私もまったく同意に思う。かれ河辺六男氏は、ニュートンは「…たときに」といったのであって、「…たから」といっているのではない、と付言している。

註1 地表以上の上空では地球の重心に万有引力の中心があるとみてよいだろう。しかし、地中の深い位置においては、それでは不適当である。第4章『重力場と空間』を参照されたい。地球の重さがすべて重心にあるとしてよいのは、地球の重心から月まで十分遠いからである。

ニュートンの運動の法則

物体の大きさを考えない(サイズ=0)でその運動を論ずるとき、質量をもつその物体を物理学では“質点”と呼ぶ。宇宙空間のほかの物体から十分に離れた空間にある質点は加速度(速さや方向の変化)のない運動を行う。このような質点は静止し続けるか、一定の速度ベクトル(ベクトル;方向とその値をもつ量)を保とうとするもので、これを慣性の法則または運動の第一法則と呼ばれる。

空間に2質点が存在するとき、2つの間に力学的作用(力)が働く。同じ力によって加速される各質点の運動加速度はその質点の質量が小さいほど大きい。例えば、2つのあいだの引力によって質点 m_1 の受ける加速度 α_1、質点、m_2 の受ける加速度 α_2 とすると、

$$F = m_1\alpha_1 = -m_2\,\alpha_2$$ (－は方向が逆であることを示す)

である。つまり、質点 m に加速度 α を起こさせる力Fとの間には

$m\alpha = F$ あるいは $\alpha = F/m$

なる関係がある。すなわち、物体の運動加速度は加えられた力に比例し、物体の質量に反比例する。これが運動の第二法則である。

空間で2質点が互いに作用しあうときと同様、作用しあう2つの作用点での力は方向が反対であり、大きさが等しい。これを作用反作用の法則あるいは力学的第三法則と呼ばれる。

質量とは力の作用に対しその物体の動きにくさを表す量である。加速度とは運動速度の時間あたり変化量である。また、運動速度に関係なく運動加速度を生じさせようとしている能力(ポテンシャル)そのものを指すことがある。重力の加速度はその例の一つである。机上に静止している物体にも加速度は働いていて、机を退けると落下する。

物体に加えられる力が大きいほど物体の加速度は大きくなるが、力と加速度とは同じものではない。同様に、質量の大きい物体ほど地上での重さ(力)は大きいが、質量と重量とは同じものではない。

ニュートンの万有引力の法則

質量をもつ物体同士は互いに引力を作用しあい、その大きさは各々の質量に比例し、距離 r の2乗に反比例する。式で表せば

$$\text{万有引力} = G\frac{mM}{r^2}$$ (G；万有引力常数)

名誉を別ける“時”

1830年　自己誘導の発見　ヘンリー

磁気によって電気を起こす電磁誘導現象をヘンリー(Joseph Henry 1797～1878 米)が発見したのは1830年夏のことであった。彼は実験室の都合で詳細な実験を翌年回しにした。イギリスではその1年後れて、ファラデー(1791～1867 英)が8月その現象を捉えた。ファラデーは休まず10月、磁石だけで誘導電流を発生させる実験を行なっている。1月、「電磁誘導の法則」と題して発表した。ヘンリーは不覚をとったが、回路の電流が変化するとき、回路自身に起きる電磁誘導現象「自己誘導」の発見を記載した。これはファラデーより早かった。

ところで、筆者の私見であるが、ヘンリーが発見した「自己誘導」は、物質の根源的な性質に関わっており、質量が持つ“慣性”の源泉に関わるものではないかと考えている。「自己誘導」と同様な現象に、超電導体にひき起こされる永久電流や「マイスナー効果」あるいは磁気浮上という、ふしぎな作用が存在する。こういったことを私なりに「自然の天邪鬼(あまのじゃく)」と呼んでいる。この引けば引き、押せば押す働きが物を形づくる“物性”をつくり出しているのではないか。この天邪鬼性は究極的に自然の空間へ関わってきて空間に性質を与える根源であって、これに絡みそうなヘンリーの「自己誘導」の発見は大きな意味をもってくるように私には思える。

先取権をめぐる論争ののち認められる

1842年　エネルギー保存の法則　マイヤー

近代科学の成立期以前には、永久機関という、外部から力を供給されずとも仕事をする機械が模索されていた。今日ではエネルギー保存の法則から、そのようなことは不可能であることがわかっている。機械は力を節約するのではなく、力の使い方を変えるにすぎず、仕事の量は変わらないという原理はガリレオによって明らかにされた。この場合の“仕事”とは力をかけて力の方向にどれだけ対象物を動かしたか、すなわち“(力)×(移動距離)”のことを指している。

デカルトは運動量の保存を示し、ライプニッツは活力(質量と速度の2乗との積で、今で言う運動エネルギー)の保存原理を主張した。18世紀から19世紀にかけ、力学以外に、熱、電磁気、光、化学反応など、これら自然力や生命についても、自然の活力は連関するものという考えが広まってきた。

1840年、オランダ船の船医マイヤー(Julius Robert von Mayer 1814～78独)はインドネシアへの航海へ加わる。その航海中の体験から、栄養物は体温維持のほかからだを動かし仕事をするのにも必要である、…すると、熱と仕事は同じ力が形を変えたものではないかと考えついた。マイヤーは友人バウアーの協力を得て、気体の熱膨張のデータから熱の仕事当量を算出し、この論文は1842年、リービッヒ化学薬学雑誌に発表された。それが化学薬学雑誌であったため、ほとんど注目されなかった。一方、ジュールは近年に発明された電動機は蒸気機関に取って代わるのではないかと考え、電池による電動機の効率に関する研究を始めた。実験を進めるうちに、彼は力学的仕事から電磁誘導を利用して電流を作り、その電流により発生する熱を測定した。次に、水をかき混ぜることによって熱を発生させる実験を行い、熱の仕事当量を精密に算出した。

1947年のヘルムホルツによるエネルギー則の数学的理論と、50年代のトムソンらによる熱力学から、より普遍的に“エネルギー”という用語として理解されるようになる。エネルギー保存の法則は熱力学の第一法則のみでなく、諸科学の結合の柱として評価を高めた。

ごく普通の異常なことへの好奇心が発見へ誘う

1985年　X線の発見　レントゲン

フィリップ・レーナルト(1862～1947独)はクルックス管を改良した陰極管を用いて陰極線の研究をしていた。陰極と反対側にアルミ箔の窓(レーナルトの窓)を封入し、そこへ陰極線を当てると陰極線は箔を透過した。1894年、レーナルトは箔窓の外8cm ばかりのところで蛍光紙片が光るのを観察した。彼はそれを電子の流れだろうと気にも留めなかった。翌年、ウィルヘルム・C・レントゲン(Wilhelm Conrad)Ro¨ntgen 1845～1923独)はレーナルトの実験を追試しようとしていた。かれが黒いボール紙でおおったクルックス管に陰極線を発生させたとき、実験机わきで光るものが見えた。それが蛍光紙であることはすぐわかった。スイッチを切ると、消滅した。陰極管から十分離れたところでも蛍光が認められた。ボール紙を裏返しても、裏になった蛍光面は光った。数ミリのボール紙をも貫通する、と考えるよりなかった。それは木製の厚い板も貫通したが、1.5ミリの鉛の板は貫通しなかった。手を差し出すと、スクリーンに手の外形や、さらに暗い骨の構造が写し出された。目には見えないが、物を通過し蛍光物質を発光させる放射線が陰極管から出ていることを確認し、1895年11月、X線と命名した。

さらにかれは磁界によっても曲げられないことから、X線が帯電粒子ではないという結論に達し、また、蛍光板に代えて写真乾板を使うことにした。もう暗闇でなく、黒い紙で包んだ写真乾板をX線の通り道に置いた。鉛で遮蔽したブースを設け、ブースの外に置かれた装置から、ブースの窓を通ってくるX線を用いて写真乾板に写るものを現像した。当時知らなかったレントゲンを、この鉛のブースは、彼をX線被曝から守っていてくれていた。実験で、X線の通路に妻アンナ・ベルサの手を置いてもらった。夫人の手の骨格が、金の結婚指輪をつけてくっきりと写っていた。

自分の発見は人類の共有財産であり、特許、ライセンス、契約などで足かせをはめられてはいけない、という信念から、自分の発見を特許にこそしなかったが、ノーベル賞その他の栄誉に輝いた。

彼は演説の中で「自然界の感嘆に値する奇跡がごく普通の観察の中から現れてくる場合がよくある」と述べている。こういった新しい発見の喜びに関し、彼が演説で引用したところによれば、ウェルナー・フォン・ジーメンスはこう述べている。

「知的生活は時折われわれに人間が享受しうる最も純粋で高貴な喜びをもたらしてくれる。それまで暗闇の中に隠蔽されていた現象が突然知識の光に照らし出されるとき、長い間捜し求めていた有機的結合への鍵を発見したとき、思考の連鎖の失われていた環が幸運にも見つけられたとき、発見者には勝利の喜びに溢れた幸福の絶頂感が訪れる。それまでの艱難辛苦に報い、より高次の存在へと彼を高めてくれるのは、その幸福感だけである。」(『科学の運』)。

『科学の運』の著者アレクサンダー・コーンは、《発見へ導いたのは、何か異常なことが起こっていると確信したことであり、この観察を綿密に、体系的に追究していったことである》と述べ、レントゲンが洞察力を備えた人であると認めている。

幸運にもよることだが、その異変に感応する好奇心こそ

1896年　ウラン線　アンリ・ベクレル

物を素透しにするX線の発見は、医療その他に明るい未来を暗示しているようだった。アンリ・ベクレル(Antoine -henri Becquerel 1852〜1908 仏)は、化学者であった父アレクサンダー・ベクレルの光化学の研究から、蛍光とX線との関連性に興味を持った。

彼の実験室にウラニウム塩があった。日光に曝されたものは暗がりで光った。クルックス管の燐光壁から発生する放射に関するニュースがパリに届いた日、彼は燐光性物質なら何でも、放射線を出すものか調べる実験を思いついた。実験結果は違ったが、代わりに「私は思いがけない現象に出会ったのです」とノーベル賞講演で語っている。

彼が写真乾板を黒い紙で覆ったものは日光に当てても感光しなかった。しかし、黒い紙で覆い、さらにアルミ箔で遮光し、その上にウラニウム塩を薄く乗せ数時間日光に曝すと、ウラニウム塩の層が写真乾板に写し出されていた。

この結果を彼は、日光がウラニウム塩に作用し放射線を発生させ、それが包装紙を貫通し感光剤を黒化(感光)させたものと考察した。ところが、1896年2月26日の実験で、紙で覆った写真乾板の上にウラニウム塩を乗せ、日光を待ったが数日間も太陽は顔を出さなかった。3月1日、そのまま現像してみるとウラニウム塩の形像が写真乾板に現れていた。日光の助けがなくても、ウラニウム塩から放出する何かによって黒化される、…これはレーナルトやレントゲンが見た放射線によく似ている、と彼は考えた。しかし、放射持続時間はそれよりずっと長いものである。

次に、暗闇の中で5日間、ウラニウム塩に曝された乾板も黒くなった。ベクレルは黒い紙を通過し写真乾板に作用する放射線をウラニウム塩は発生している、と結論した。またそれは2ミリ厚のアルミ板を貫通し、あるいは箔検電器を帯電させた。つまり、この放射線は帯電粒子であるらしい。

これらの実験結果を3月、フランス科学アカデミーに報告した。新しい放射線は“ウラン線”と命名され、その源はウラン元素であること、放射線には反射・屈折の性質があるのでＸ線とは異なることも明らかにされた。このあとマリー・キュリーに受けつがれ、それはα粒子（Ｈｅの原子核）であり、原子核から崩壊によって放射されるものであることが分ってゆくことになる。

発見はある特殊な機会に恵まれることから実現することがある

1897年　電子の発見　J・J・トムソン

電磁現象はファラデーからマクスウェル（1831～79）へと進められ、基礎方程式も確立したが、依然として電気の本体はどういうものであるか明瞭でなかった。物質の原子構造が明らかになるにつれ、ドイツの物理学者ヘルムホルツ（1821～94　独）は1881年に電気原子の考えを、ストーニーは1894年にその電気原子を「電子」と呼ぶことを提案した。

ガラス管の中に電極を封じ込めて管内の真空度を高めていくと放電するという実験は、以前から行なわれていた。ドイツのブリュッカー（1801～68　独）は1859年、管内の陰極から光の束が陽極のほうへ進み、ガラス壁に当たるとガラスが蛍光を発することを発見する。彼がガラス管に磁石を近づけると、光の束は曲がった。それは電流によく似ている。ゴールドシュタインはそれが陰極面から直角に出ていることを示し、“陰極線”と名づけたが、その本体はエーテル中の波動だとした。

ヘルツ（1857～94　独）は1883年の実験で、ガラス管を平行な電極で挟んでみたが、陰極線の進行方向が曲がらないのを見て、陰極線は電流とあまり関係ないとし、彼もエーテル波動説をとっている。

ローレンツ（1853～1928　蘭）は物質原子が陰陽の“電子”からできており、電子の振動によって光が出る、という考えからゼーマン効果（ナトリウム炎を磁場の中に入れると、そのスペクトル線が広くなる）を見事に説明し、電子の質量ｍと電荷ｅの比を実験から計算し、この比が水素原子イオンの場合の1000分の1と小さい値であることを示した。これが、原子内電子が存在するとした理論的予言である。

J・J・トムソン（Josseph John Thomson　1856〜1940 英）はヘルツの陰極線が電気を帯びていないという実験の誤りを徹底的に検証し、m/e を正確に測る実験からこの値がローレンツの理論と一致することを示した。彼が管内の気体の種類や陰極の材料を変えてみても、m/e の値はつねに同一であった。陰極線粒子が水素原子の1000分の1という極微な粒子であるばかりでなく、すべての物質に含まれる普遍的成分であるという仮説を1897年彼は発表した。現在の素粒子物理学の誕生を告げる瞬間であった。

陰極線の正体をエーテルの波動であるとみるドイツ派と帯電粒子であるとみるイギリス・フランス派の対立は長く続き、40歳そこそこのトムソンらが相手を負かすには夜を日についでの実験が必要だった。かれらの前に、大御所ヘルツの実験が立ちふさがっていた。陰極線は帯電しているはずなのに、なぜ電場で曲げられないのか。このことがトムソンの頭から離れなかった。

そんななか、1895年暮にレントゲンが放電管の実験中、透過力は強いが目に見えないX線を発見したのを知って、トムソンはすぐ追試にかかった。このX線が管内の空気に伝導性を与えるのではないか？　トムソンの霊感はこの瞬間に訪れた。それなら、陰極線も管内の気体を電気伝導性にし、その結果ヘルツの電極は中和されてしまうのではないか。この仮説を証明するには管内の空気をもっと抜いてしまって伝導性が生じないようにしてみたらどうだ！　ヘルツの電極にたった2ボルトの電圧をかけただけで陰極線は曲がり始めたのであった。

原子は最小単位であり、それ以上分割できないものと、長い間考えられてきた。最小の原子のさらに1000分の1以下の粒子の存在が受け入れられるまでに2〜3年を要したのは無理もない。

トムソンのキャベンディッシュ研究所では、実験方法の探究が進められ、帯電粒子のまわりに水蒸気を凝縮させた粒子の軌跡を目に見えるようにする霧箱も、この研究所のウィルソン(1869～1959 スコットランド)の発明したもので、粒子の存在を確実にした。

1911年、トムソンの弟子ラザフォードは原子構造を決定し、その後、物理学は原子核の構造と核反応、核エネルギー、素粒子論等々、現代物理学の扉を開いたのが電子の発見にあったことは言うまでもない。

確かな予見と忍耐強い努力の末に

1898年　放射能とラジウムの発見　マリー・キュリー

現代の原子力時代の幕開けともいえる出来事は1895年11月に起こる。そのときウィルヘルム・レントゲン(1845～1923 独)は陰極線管からふしぎな“光線”が出ているのを観察した。その光線は目には見えないのに写真乾板を感光させ、紙や木や人間のからだを貫通する性質をもっていた。レントゲンはこの見えない光線をエックス線と呼んだ。

この話を聞いたアンリ・ベクレル(1852～1908 仏)はすぐ、ある実験にとりかかった。かれはウラン鉱石について研究していたが、ウラン鉱石もエックス線と同様に写真フィルムを感光させることに気がつく。1896年3月、ベクレルはウラン鉱がエックス線同様のものを絶えず出しつづけていることを発表した。

ポーランドの貧しい教師の娘として生まれたマリー・キュリー(Marie Sklodowska Curie1867～1934 仏)は、パリに出てソルボンヌ大学を卒業し、物理学者ピエールと結婚して、そのころパリに住んでいた。28歳のマリーは早く博士号がほしくて、そのためのテーマを探していた。このときマリーの目に留まったのがベクレルの発表だった。ウランのほかにもエックス線を出すものがあるにちがいないとマリーは考え、ほかの鉱石の検査にとりかかった。ちょうど、夫のピエールがずっと以前に発明し、ホコリをかぶっていた“水晶ピエゾ電位計[(4)]”があって、エックス線が出ているかどうかを簡単に知ることができた。マリーはほどなくトリウムという鉱石がエックス線と同じものを出すことを発見する。それを1898年4月に発表したものの、同じことをドイツのゲルハルト・シュミットが2ヶ月前にベルリンで発表していた。

マリーはしかし、もっとおもしろいことに気づいていた。ウランの原鉱石である瀝青ウラン鉱やりん銅ウラン鉱はウランそのものより4倍以上も強いエックス線を出していた。これらはウランよりずっと活性の高い別な物質を含んでいるにちがいない。マリーはそれを取り出してみることにした。夫ピエールも、自身の研究を一時中断してマリーの実験を手伝いだした。瀝青ウラン鉱を乳鉢ですりつぶし、1898年6月、ウランの150倍の活性を示す物質が得られ、精製していくと200倍、300倍と強くなった。二人は連名で論文を書き、「もし、この新しい金属の存在が確認されたら、われわれのうちのひとりが生まれた国の名をとってポロニウムと名づけることを提案する」と表明し、はじめて“放射能”という言葉を使った。

その年の11月、もっと放射能の強い物質が含まれることがわかった。ウランの900倍以上の放射能をもっており、夫妻は“ラジウム”という名をつける。

だが、乳鉢から得たポロニウムやラジウムは量があまりに少なく、新しい元素であることを証明するに至らなかった。マリーはそれから何十トンの原鉱石に挑み、4年後の1902年3月、やっと0.１グラムばかりの塩化ラジウムを得て、それが新元素であることを確定した。

ラジウムは人々を熱狂させ、新聞記者たちが押しかけた。女性博士はドイツにひとりいるだけだったから、マリーは珍しい存在であり、それだけで大ニュースであった。ラジウムはガンの治療に使われるようになり、奇跡の産物であるかのように歓迎された。それからも世界をどう変えたかといえば、ラザフォードらは放射線を詳しく研究して原子の構造を推理した。中心に核があり、そのまわりを電子が回っているという原子核模型はラザフォードになる。1938年にはウランの核分裂が発見され、1942年12月、世界初の原子炉がアメリカのシカゴ大学に完成することになる。

註4　水晶ピエゾ圧電効果を用いた電流発生装置と、資料を入れて放射能強度に応じた出力電流を取り出す平行平板電離箱と、その電流を測定する4重極電位計とからなる。キュリー博物館に所蔵されている。

光速の謎からの迷走

1905年　特殊相対性理論　アインシュタイン

光を伝える媒質(エーテル)を当時誰も検出できなかったことをうけて、アインシュタインは光速不変の仮説を主張し、1905年、特殊相対性理論を発表する。これはさらに、10年後、一般相対性理論として彼なりに結実させる。

筆者の見解では、この特殊相対性理論と一般相対性理論は、それを立ち上げた前提から誤っていると思われるが、いまだにこれが定説とされている。この理論のため現在の物理学が歪められてしまっているとすれば、その弊害について警鐘を鳴らすのが、本書の副主題である。

希にでも起こる現象があれば、それを起こす原因が必ずある

1911年 ラザフォードの原子核構造

20世紀に入ると、これ以上不可分とされてきた原子も、さらに小さい部分に分かれると考えざるを得ないようになり、いろいろな原子模型が提唱されようになった。ケルビンのモデルは、正電荷と負電荷の微粒子が一様に分布し、トムソンのモデルは正電荷が原子の大きさいっぱいに一様に分布して、電子はその正電荷雲のなかで同心円状に運動していた。日本の長岡博士のモデルは、正電荷は原子の中心に集まり、電子は土星のリングのように周回運動するものであった。

ラザフォード(Ernst Rutherford 1871～1937 英)は放射線物質の α 線を薄い金属膜にぶつける実験を行い、正電荷が一様なら等方的に散乱し、集中しているならば、その近傍をすぎる α 線(電子の流れ)の散乱は特に大きくなるはずであった。すると希に180度回ってもどる α 粒子のあることが分った。原子の中心にはたしかな固まりがあって、その周りを電子が回転しているという原子モデルの基礎が確立されていった。

地道な研究から

1911年　超電導の発見　カメリン･オネス

1905年の特殊相対性理論や核物理学が騒がれていた蔭で、ひっそりと、もっと重要な物性研究が進められていた。その発端となったのは低温実験室の完成である。

オランダのライデン大学は1877年ローレンツが初の理論物理学教授となった大学である。実験物理学ではその5年後にカメリン・オネス(Heike Kamerlingh Onnes　1853～1926 オランダ)が最初の教授となり、1894年、気体の液化プラントを建設し、世界初の低温実験室をつくった。1898年にはイギリスのデュアー(J.Dewer)が水素の液化に成功した。ヘリウムはどんなに低温でも液化しないと信じられていたが、オネスは1901年からヘリウムに着手し、1908年、ついに液化に成功する。1910年ころには1.04Kの低温に到達した。液化機を製作したのはライデン大学のフリム(G.J.Flim)である。以後極低温での物性の研究が進められる。

1927年ころオネスの弟子キーサムによって液化ヘリウムの“比熱”は2.17Kあたりで異変を起こすことが分かった。電気抵抗の異変についてはもっと早くに知られていた。オネスらが水銀――水銀の蒸留法によって当時最も純粋にすることができた――を低温にしていくと、ヘリウムの沸騰する温度、約4Kまで下がったとき突然、水銀の電気抵抗が消失した。操作ミスでも、導線のショートでもなかった。1911年11月、これを発表する。その後、鉛と錫の電気抵抗もそれぞれ7.2K、3.7Kで消失することがわかった。

鉛の線でつくったコイルを磁石のあいだに置いて温度を下げ、超電導状態にしてから磁石を取り除くと、ファラデーの法則に従ってコイルに電流がおこる。常温でならその電流は電気抵抗によってジュール熱となって消えるが、超電導状態では流れつづけたのだった。1914年、オネスの実験によってみつかったその電流は「永久電流」と呼ばれた。マサチューセッツ工科大学でこしらえられた超電導リングの電流は2年半たっても減衰していなかった。

具体のイメージあってこそ見方の変換ができる

1932年　陽電子の発見　アンダーソン

イギリスの理論物理学者ディラック(1902〜84 英)は、1930年に陽電子の存在を予言していた。しかし当時としてはラザフォードの原子核構造で示されたように、陽子は中性子ほどの質量を持って原子核の中に存在するもので、マイナス電気を帯びた電子は小さい粒として核の周りを回転している。それからすれば、ディラックの陽電子が存在するという理論はあまりにとっぴすぎてそう簡単に受け入れられるような環境ではなく、反撃も手厳しかった。ところが、その二年後にアンダーソン(Carl Devid Anderson 1905〜91 米)が、ふとした偶然からそれを発見してしまう。

彼はカリフォルニア工科大学で宇宙線の研究のためウィルソン霧箱を使って実験していた。宇宙線中の粒子の進行方向を確認したくて鉛板で隔離した霧箱をかれは考案した。この霧箱に強い磁場をかけると電子とちょうど反対側に対称的に曲がる飛跡のあることを発見したのだ。同様な実験をしていた科学者は何人かいたのになぜ陽電子の存在に気づかなかったかといえば、それらの人々は粒子がどちらの方向に走っているかをつきつめて知ろうとしなかったからである。

アンダーソンは「正と負の粒子を確実に区別するためには、運動の方向をはっきり決めさえすればよいと考え、この目的を達成するために霧箱の中に水平に鉛板を装入した。粒子がこの板を通過してエネルギーを失うと、エネルギーが低くなり、磁場の中における曲率半径が小さくなる(大きく曲がる)ので、粒子の運動方向が容易にわかるわけである。

それが右に曲がったか左に曲がったかで電荷の正負が決定できるようにしたのだ。電子と全く同じ飛跡を持ち、反対側に曲がる荷電子、これは荷電が正で、電子と同じ質量を持つ粒子ということになる。当時としては革命的であった陽電子はこうして見つかったのだった。

胸から湧きあがる疑問が新しい発見をもたらす

1932年　中性子の発見　チャドウィック

1930年、ジョリオ・キュリー夫妻は、ボーテとベッカーの実験を追試し、この線(放射線)を水とかパラフィンなど、水素を多く含む物質で満たした電離箱に導くと、多くのイオンが作られ、合わせて多くの陽子がとび出してくること、電離作用が異常に増大することを発見した。その理由として、もしこのベリリウム線のエネルギーが50メガ電子ボルトくらいになるなら、陽子を撥ね飛ばすこともありうることを計算で確認し、この線がγ線(のちに分かる中性子線)であると結論した。

チャドウィック(James Chadwick 1891～1974 英)はラザフォードの指導のもとに追試してみたところ、パラフィンから出てくるのが陽子であることを確認したが、どうして陽子だけがたたき出されるのか疑問をもった。しかも50メガ電子ボルトという大きいエネルギーを持つ陽子がベリリウムから出ているとは、とても考えられないことだった。ここでチャドウィックの脳裏にひらめいたのが、師ラザフォードが1920年の講演で述べた「原子は陽子とそれと同質量の中性の粒子から成る」という予想であった。このベリリウム線が実は陽子と同じほどの質量を持つ中性粒子(荷電していない粒子)であると考えれば、核や電子のクーロン力を全く受けず、それほど大きなエネルギーを持たなくても陽子を撥ね飛ばすことができるのではないか、それが1932年、チャドウィックにひらめいた中性子の発見であった。それまで陽子中心とされた原子核物理学は、大変革を余儀なくされた。

超電導体はさらに謎めいた現象をみせた

1933年　マイスナー効果の発見　マイスナーとオクセンフェルト

1911年、カメリン・オネスによって低温超電導が発見されて以来、傑出した多彩な科学者たちがこの現象を理解するために膨大な努力を払ってきた。マイスナーやオクセンフェルトもその顔ぶれのなかにあった。

1933年、W・マイスナー(Fritz Walther Meissner 1882～1974 独)とその助手オクセンフェルト(R.Ochsenfeld 独)は、超電導体は完全導体(電流に対して抵抗がない）であると同時に、完全反磁性体（外部からかけられる磁場に対向する）であることを発見した。磁場のなかに置かれた試料の内部から〝磁場が排除されて〟いたのである。はじめに試料をノーマル状態にしておいて磁場を加え、そのあとで超伝導状態になるまで冷却すると試料の内部から磁束が排除され、はじめに超伝導状態おいて、そのあと磁場をかけると、やはり磁束の排除がおこった。

超電導体のおこすさまざまな不思議な現象は、その後超電導状態の本質が研究され、量子力学と同様、磁束の量子化が行なわれる。こうしてＢＣＳ理論へ導かれる。

第3章　近代物理学

絶対空間は　あるのか

相対速度（relative velocity）

物体の質量とその運動速度との関係をニュートンの運動力学として見てきた。ときに破壊的な作用としてはたらく“運動物体の勢い”をわれわれはどう見るかというと、われわれの物理学では物体の質量ｍの大きさとその運動速度 υ が関係づけるとし、それらの積**ｍυ** をもって“運動量(momentum)”と呼び、これがそうであるとした。この運動量になるまで、つまり、運動量がゼロから微小量ｍｄυ ずつ増加し**ｍυ** に至るまで、の和

$$\int_0^v m\upsilon d\upsilon = [(1/2)m\upsilon^2]_0^v = (1/2)m\upsilon^2$$

をもって“運動エネルギー(kinetic energy)”とされる。この量は、物に力を加えつつその方向に移動させた距離に比例する量を“仕事”と呼ぶことにすれば、この量と等量である※ことが知られている。つまり、例えば滝を落ちる水の運動エネルギーを、機械を動かすのと等量の“仕事”に変換することができる。

それゆえ、運動している物体の運動エネルギーは観測される物体の運動速度と質量から算定することができる。そのエネルギーは運動速さが変化しない限りは一定不変な“絶対量”であろうか？ 実は物体の運動エネルギーは、これを観察する人(あるいは空間)ごとにそれぞれ違っているのだ。その例を見よう。

わたしはいま、駅で停車している上り列車(質量ｍトン)内に居るとしよう。窓から手が届きそうなところに下り列車(質量Ｍトン)が見え、まさに発車しようとしている。わたしから見えるその列車は一分後に時速 υ の速度に達した。この列車は運動エネルギーとして今や$(1/2)M\upsilon^2$を持っているに違いない。これはホームに立って観察する者にとっても同じ$(1/2)M\upsilon^2$であろう。

だが、私の列車が停車中ではなく上り方向にυの速さで走っていたらどうか？　下り列車の速さは2υと速くなって見えるはずだ。その運動エネルギーを計算すると(1／2) M(2υ)^{2}=2Mυ^{2} ということになり、最初の(1／2)Mυ^{2}とはまるで違った量としてみえる。つまり物の運動エネルギーは見る者がどこにいるかで変わってくる量なのだ。その原因は物体の相対的運動速度による。

わたしが相手の運動エネルギーを計算するためのそれらの運動速度はホームから見て 自分、ホーム、相手の順にυ、0、－υ あるいはわたしの車中からは0、－υ、－2υ と、時と場合によって変わる。自分がどれを基準にした時に彼らの運動速度がどう見えるかが“相対速度”である。ホームの運動速度も下り列車の運動速度もみな“相対速度”なのだ。

自分が静止していると思った駅のホームも、地球の中心から見たときには運動して見え、月から地球を見たときの駅の運動も違って見え、太陽から見ても違う。これらのことから人は大抵“絶対速度は存在しない”と結論づける。そうだろうか？

間違った例の話をしよう。一般には、相対速度とは、ある物体の運動を別の運動をしている観測者から見たときの速度である(ウィキペディアでの説明)と言われる。これは間違いではない。続く説明によれば、ニュートン力学では宇宙における絶対静止座標が存在しないので、あらゆる速度は常にその時々の観測者からみた相対速度であるとある。これも正しい。

しかし、衝突のような物体間の相互作用については、観測者がどこにいるかに関係なく、両者間の関係当事者からみる相手の速度であり、これを相対速度とすべきであろう。実はその際にも絶対速度は存在する。

物体の絶対速度を知るには、地球や月や太陽のように運動しているものではない“絶対座標”を知る必要がある。次の課題は絶対座標つまり絶対空間はあるか？ という問題になる。意外なその解は　第4章に譲ろう。

※　運動エネルギーであるとした(1／2)mυ^{2}が 確かに仕事(エネルギー)であることを確認しておこう。

物体を加速するには力を要する。その力Fは物体の質量mと加速度a との積による。すなわちＦ ＝ ma である。物体をｔ秒間加速したために最初静止していた物体の速さは、1秒当たり速度の増し分 aにｔを乗じ、υ＝a ｔとなっている。

それまでに物体の動く距離は　速さの平均値υ／2に時間ｔを乗じて(1／2) υ ｔ正確には υ に短い時間ｄｔをかけてｔ＝0からｔ＝ｔまでの足し算　すなわち積分をする。それは

$$S = \int_0^t \upsilon\, dt = \int_0^t at\ dt = [(1/2)\ at^2]_0^t = (1/2)at^2 - (1/2)a \times 0^2$$
$$= (1/2)\ at^2$$

その間に加速度が物体に及ぼす仕事W は

$$W = FS = ma\ (1/2)\ at^2 = (1/2)m\ a^2t^2$$

ここでa ｔは v であったからW＝ $(1/2)\ m\upsilon^2$

これは　$(1/2)\ m\upsilon^2$がエネルギーWであることを示す。

運動の本質

アインシュタインによれば“光速不変”(光の速さは誰から見ても一定である)とされている。

光速という得体の知れないこともさることながら、運動というものからして、われわれはよく把握していたのだろうか? われわれはいったい何に対して運動しているのだろうか? 運動とは、他との単なる時間的位置関係である、という考え方をしていないか? その表記を座標という、人が考え出した幾何学的道具によってすれば、運動の何たるかを解明できると考えてはいなかったか? あの物体がわたしに及ぼすであろう影響は、不幸にもあるいは幸運にも、あれとわたしが衝突したときだけである、と。すなわち、あらゆるものの勢いとは、わたし自身に対する勢いにかぎる、と。

われわれは次のことなら知っている。運動する物体は「勢い」というものをもって、その勢いで他を動かし、その勢いを分けてやれる。あれは他を打ち砕き、熱に変え、無数の火花や放射線に一変させる能力をもっている。だがその観察を、座標という幾何学的道具によって解明できると考えてはいないか? もしかすると運動そのものよりも、その裏によこたわる驚異のからくり

が存在して、われわれはそのことに気付いていないのではないだろうか。われわれは知っているつもりでいた。外力をうけない——そもそも外力をうけないということがあり得るのか？——ものは等速で直線運動をつづける、と。それで、直線をどのように認識しているだろうか？　いまここで問うのは、一般相対性理論などが仮想する時空間の歪み、といったわけの分からない空論は期待すまい。

ここに一個の磁石があるとしよう。われわれの観察によれば、この磁石は特別な作用をもつなにかを周囲にまとっている。その“纏(まとい)”と磁石とは別々の動きができるだろうか。その磁石を遠くへ放り投げてみよ。その“まとい”たる磁性は元の場所にとどまるだろうか？ そうではなく、共に飛び去るだろう。

その飛び去る先に閉じた誘導コイルが置かれていれば、そのコイルは、まだ磁石がぶつかりもしないうちに微動することが知られている。この微動を与えるだけの影響を磁石自身も受けるだろう。また、磁石が投げられる前に存在していた場所の近くに、別のコイルがあったとしよう。そのコイルもまた、磁石が遠くへ投げられるとともに、なんらかの影響を受ける。この二つのあいだにも直接的な接触はない。

すると、二つの物体の運動によって起こることは、それらの互いの、“位置関係の変化”だけではないことを知る。コイルと磁石という二つの物体が互いに動いても、その相対的な運動においてどちらが動いたとしても同じだとすることは妥当ではない。　磁石のまとっている磁界という衣の濃度は、磁石がコイルに近づくほど濃くなる。それが変化するときコイルに電流を生じさせるのだということを、先代の知恵のおかげで、われわれはもう知っている。このコイルに流れる電流は磁界を生じさせる。コイルはこうしてコイル自体に磁界を有するようになり、互いの間に“力”を生じさせる。これは単に互いの運動というよりも、互いの“場(ば)”と呼ばれる衣の**濃淡**や**ひだの変化**によって生じるものである。すなわち、物理的現象は必ずしも単なる幾何学的な位置関係だけで解明されないことが知られる。

接近してくる磁石に対してコイルがどの向きにあるか、によって、コイルに生じる電流の向きや強弱もちがう。コイルは近づきつつある磁石に対し、近づけまいとする向きに電流が生じるから、この電流の磁界のために反力（力場）を受け、くるりと回転してしまうだろう。この回転は、コイル本体の質量による慣性のため振動をひき起こすにちがいない。この振動はまた、磁界を激しく変化させ、飛来する磁石にも影響する。磁石はまた、その力の影響をうけ、等速度でなく運動の緩急すなわち微振動を起こすだろう。これらのことは極微の世界でも生じるにちがいない。

　このように“場”の相互作用によって生じるものが物質の物理現象であり、目に見える“運動”は、その結果生じるものであるとみるべきではないか。したがって、二つの物体同士の運動が、どちらから見ても同じ、などとは大雑把に過ぎよう。

　また、さっきの、くるりと回転することから生じる振動は、その磁界や力場という“まとい”とともに起こっている。その振動が空間に対して磁界と電界の相互作用を生じさせるとすれば、それらはコイルの“まとい”のなかに生じ、コイル本体と別々の行動はしないだろう。

　興味深い例を見よう。トイレットペーパーを使い終わると中空の芯が残る。これに導線を巻いて電流を流せば、どんなことが起こるだろうか。棒磁石は磁荷という物質から磁場がつくられているように観察される。棒磁石は磁気を帯びた鉄の棒であるが、ペーパー芯に巻かれたコイルは鉄心を持たない中空な磁石となっている。その中空コイルは磁針を一方に向けさせ、磁性金属を引きつける。コイルの巻かれたこの中空な磁石は、引きつけた金属をそのまま穴を素通りさせてしまうことができる。棒磁石のような実体がなくても、磁場は存在することができることを、自分のこの目で確かめることができた。

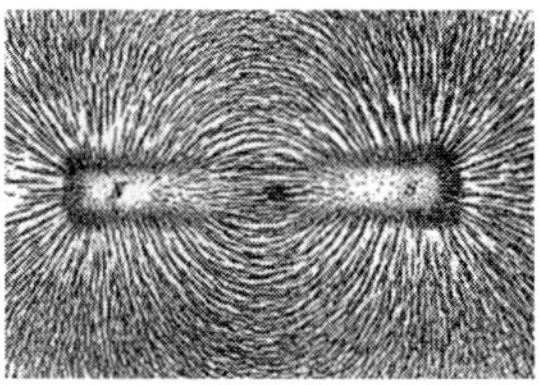

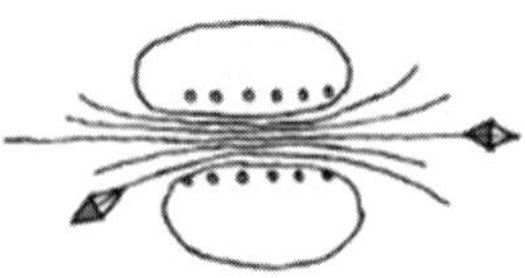

　もしも電磁場たちの相互作用の“伝わり速さ”が決まっているとすれば、我々が推理できることは、それはコイルにまとわる磁界にあってその磁場に

対する速さにちがいない。その相互作用の伝達こそが電磁波とされるもので、光はその仲間であると知られている。

また、コイルの起こす磁場のほかに、すでに別な磁場が存在していたとすれば、その磁界からも作用をうけるにちがいない。すると、その在来磁場の影響もまた磁場振動の伝達速さに及ぶだろう。振動が慣性(これをひき起こすのは質量である)に起因するものであるとすれば、その質量がおこす重力場がその伝達にやはり一役買っている、とは十分に考えられることである。重力場もまた光に働いている“まとい”であろう。伝達速さに無関係ではないはずである。電子線のような微細な粒子が高速で走るときには、その周りに磁場を明滅させ、質量が小さいため高周波の振動を生じ、いくらかの共振周波数をもった波動のような性質を見せるのではないか。原子もまた、あるときには最小単位の磁石であり、あるときには最小単位のコイルであると解せられる。だから原子や荷電する素粒子は極微の磁石であって、磁場にあっては絶えず回転運動をおこし、波動をみせるだろう。しかし“粒子”自身は決して“波動”ではない。われわれはこのようにして、質量と場の関係、場と場の振動ということがすべて関連性をもっている、という考えに、合理性を持って導かれてゆくことになる。すべてのものは連続している、と。

なお、ここに云う、重力場をその一種とする“力場”とは、質量に働いて加速度を与える性質を持つ場である。

絶対空間

絶対静止空間なんかない、というのが一般での常識だ。われわれはこの空間で現在どの向きにどんな速度で運動しているのだろうか？　光がいま何に対し、どの向きに、どんな速さで進んでいるのだろうか？

船が海水に対して30ノット(時速約56㎞)で走っているとしても、音が空気中を秒速340ｍで伝わるとしても、光がエーテルに対して秒速30万 km の速さで波及するとしても、海水や空気やエーテルが地面に対していくらかの速さを持っているとしたら、地面に対するそれぞれの速さは30ノットや秒速340ｍや30万 km ではない。その地面でさえ、地面が載る地球が自転し、太陽の周囲を公転している。同様に太陽は銀河系において…と考えてゆけば、何を基準にしてよいかわからなくなるであろう。

われわれはその基準にできそうな動かない空間を求め、何かしら“絶対静止空間”あるいは“絶対空間”と呼んでいる。昔からその絶対空間はあるのかという議論が続けられてきた。そしてついには口を揃えるように皆、「絶対空間なんてものはない」と言う。ぼくたちもまた口を揃えるべきだろうか？ われわれは確かに、ある何かを基準にすれば、これに対する物体の運動方向と運動速さ――このひと組“方向と速”を“速度”と呼ぶことにすれば――は確定することができ、これを“相対速度”と呼んでいる。同じ物体の運動速度が何を基準にするかで異なり、これを“相対速度”と定義しているわけである。人々はこの“相対速度”しか存在しないと考えている。

従って、基準を決めて言うとき、例えば地面や紙面や地上の空間に対し、当然のように“速度”と呼んでいる。それゆえ速度について語るとき、その基準はたいてい抽象化されていて、運動要素たる“速度”は単独の概念として存在している。えてして、そうした概念上でのみ議論をし、理論物理学と称しているが、どんな複雑な数式へ導かれたとしても、あくまでそれは概念であって、神が与えている物理の真実であるとは限るまい。真の物理学のためには“事実”に基づく“絶対静止空間”をつきとめなければならない。

われわれがそのときまでネズミの糞について議論してきたとしよう。そして最後に“ネズミの糞は丸い”、と結論したとしよう。それより先を語ろうにも、新しいアイディアが湧いてきそうにない。新しい話題に替えられるだろう。「絶対空間はない」と結論されたとき、人々は一つの謎を残したまま、ネズミのうんこ論のように光の話を切り上げてしまったのである。

われわれのここまでの常識的な考察では、かの海水や空気やエーテル、あるいは相対速度を決めるある基準たちは、結局曖昧な空間になってしまった。その基準なる空間でさえ、事実上、動かないよう縛り付けることはできない。しかしここで切り上げることは謎を解く機会を永久に失うことだ。何としてもぼくらは物体の動きや光の進みが、どこに対して動くのであるかを究めなければならない。音なら空気中を、としてほぼ正解であろう。だが空気が存在しなくとも起こる物体の運動と光の速さは、どこをと答えたらよいであろうか。ご安心ねがいたい、これからぼくらはそれを究明することになる。

慣性座標

物体は物質の量として“質量”を持つ。この物体にいかなる力も働いていないなら、その瞬間にその物質が存在した空間で静止しつづける。あるいは等速度で運動をつづける。これはニュートンが発見した自然法則のひとつである。このとき選ばれている基準空間を慣性系あるいは慣性座標という。

この慣性系において物体が他から力が及ぼされない限り、等速度運動をつづけようとする自然の性質があってこれをニュートンの“慣性の法則”と呼ばれている。

もしこの物体が何者かによって力を加えられると物体の運動速度が変化し、その変化率は加えられた力に比例する。速度の時間当たり変化量を“加速度”と呼ばれ、均一な力による時間当たり均一な変化量を“等加速度”と呼ばれる。

さて、運動体を記録する慣性座標は物体の一瞬における位置に対して一義的に定まる。この慣性座標が初めの位置から動かない（静止している）とすれば、逆に物体はこの座標に対する運動速度を持っていると考えることができる。

ところで、われわれが物体の周りに定めたはずの慣性系にあって物体がひとりでに動き始めた（速度が変わった）としよう。するとこの座標は“慣性系”ではなくなることになる。こういったことは起こり得るだろうか？　じつは起こり得ることなのだ。慣性空間であったその空間に物体に加速度を生じさせるある未知の“場”――空間に及んでいる空間の性質が存在し、これをひとまず“場”と呼んでおくことにする――が生じることがある。この空間の性質は“性質”であって“物質”ではない。以下に一例を見よう。

加速度の発生

これまで非常に遠方であったため影響がほとんどなかった天体（あるいは

物体)が、いつのまにか我々の空間に近づいていて、無視できない距離まで迫ったため重力が働き始め、その引力によって加速度を生じた。言うまでもなくニュートンの万有引力の法則で、これも自然法則である。

さてまた、最初に言ったことは「もしこの物体が何者かによって力を加えられると加速度を生じる」であった。何者かとは大抵、実験室で行うわれわれの手だとか、棒だとか、あるいはバネの先端などであろう。いま語っている空間では、力を伝える手や棒が存在しないのに加速度を生じさせているわけである。何が空間で加速度を及ぼしているのであろうか？

物を押すには踏ん張る足元が必要だ。ニュートンによる「作用反作用の法則」である。何もない空間において、踏ん張っている足とはなにか。言うまでもなく、それは近づいている天体である。この天体はその周りに何かしらの場をつくっており、それが“重力場”であることをニュートンが初めて示したのだった。真空である(物質がない)と思われる空間に、棒(物質)に相当するような何者かがあり、それは重力場であると気づいたのだった。

すなわち、慣性系の空間に加速度を生じさせるはずの重力場が存在することができ、重力場の侵入した空間は慣性系でなくなる。つまるところ、“宇宙空間のほとんどの場所が非慣性系空間である”と認識しなければならない。この意味で慣性系は存在しないと言っても過言ではないであろう。第4章『重力場と空間』でさらに詳しく調べることにしたい。そこでは慣性系空間がいたるところに点在することがあると知る。しかし、慣性系であるから絶対静止座標であるとは限らない。これも以後の章で見ることにしよう。

相対性理論

マイケルソン=モーレイの実験　—相対論の発端

20世紀の近代物理学が生み出した最もセンセーショナルな学説はアインシュタイン(Albert Einstein 1879～1955 米)による“相対性理論”であると言ってよいだろう。1905年の特殊相対性理論と1916年の一般相対性理論である。物理学者たちの頭脳を新しい方向へ激しく揺さぶったものだったには間違いない。遺憾なことに、その方向は珍奇すぎていた。その奇妙な相対論はいかに生まれたかを見ておくことにしよう。

これより少し前にアメリカのアルバート・マイケルソン(Albert Abraham Michelson1852～1931)は光の速度を正しく測ることに苦心していた。そんな中で、波の干渉を利用した彼の方法は実に素晴らしく精密なものだった。現在、マイケルソンによって測定された299792.453km/sec を光速基準値とされ、通常ｃで代記されている。彼とエドワード・モーレイ (Edward Williams Morley、1838～1923)が行なった光速の測定方法は以下のようである。

マイケルソン=モーレイの実験は1887年、マイケルソンとモーレイが、公転運動をしている地球において、方向による光速差(光の相対速度)を観測しようとした実験である。

装置と実験

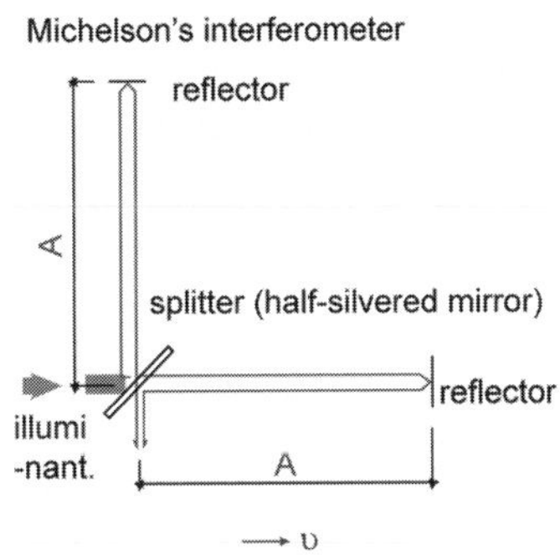

"マイケルソン干渉計"と呼ばれる装置は、水平に置かれたＬ字型のアームに沿って、アームの隅角から入射した光を、45度傾斜したスプリッター(ハーフミラー)によって90度曲げられたｙ方向のものとそのまま通過直進する χ 方向のものとに別け、共に等距離行って反射鏡で戻される光を再びスプリッターによって合流させ、両光の光路差を観測するものである。光路差は、干渉計によって光波の山谷の重なりで生じる干渉縞が、1波長につき1回、明暗を繰り返すことから知られる。光の標準波長は605.8ナノメートルとされている。

マイケルソンは、地球の公転方向の光は地球の公転速度[1]相当分遅く、反公転方向の光は地球の公転速度相当分速く観測されるはずだと考えた。その差を確認するために、干渉計は水銀にそっと浮かべられ、静かに回転できるようになっており、あらゆる方向について試すことができた。もし両光の光速に差があれば光波の位相差による干渉縞の移動が現れるはずだ。この方法は極めて精密にその差を検出する。

しかし、実験の結果、マイケルソンらは、χの向きを公転方向へ向けても、実測値は彼の計算のわずか2．5％ほどしかなく、これは公転速度の1／6しかない。この差は実験操作による誤差であろうと考え、光の方向による相対速度は検出されなかったと発表した。これを知った学者たちが驚き、大騒ぎになったことは言うまでもない。このときまだマイケルソンは大きな思い違いをしていることに気づいていなかった。

これを基に、それから間もなくアインシュタインによって「光速不変」が提唱され、“光速不変”から起こる矛盾を埋めるための様々な説明がなされた。これが1905年の特殊相対性理論およびそれから10年後の一般相対性理論である。これに伴い、光の媒質とされる「エーテル」は存在しないとされた。

脚注1．地球の公転速度は平均約29．8km/sec

ところで、『歴史をつくった科学者たちⅠ』の中で「マイケルソンが長年にわたって、自分の実験結果を決して口にしなかったことは不思議なことである」と書かれている。シカゴ大学での光学の講義でやっと言及している。しかし、それは相対論が確立された後だ。相対論にとって重要だからではなく、フレネルとローレンツのエーテル理論との関係で述べられたものである。マイケルソンが1907年にノーベル賞を受賞したのはこの研究によってではなく、国際メートル基準の長さを決定した実験や干渉測定法など幅広い業績に対してである。

特殊相対性理論─光速の謎からの迷走

さて相対論とはどんな理論だったか、その概要を振り返っておこう。アインシュタインの相対性理論は「光速はどんな運動をしている人（座標）から見ても同じである」という“光速不変”を大前提として出発している。

図1のように光源とミラーがアーム長Ｌをおいて置かれた装置（座標系）があるとする。図のように、光速ｃの光が光源からアーム長Ｌの先にあるミラーまでｔ秒で到達したとすると、Ｌ＝ｃｔであろう。

系がυの速度で運動しているとき(図2)、同じ向きの光がミラーに達するまでに走る距離はアーム長よりもミラーがその間に遠ざかる　$υt_1$ だけ余計に必要で、ミラーからの戻りでは逆に $υt_2$ だけ短いのが通常であろう。すると表1の計算のように光の相対速度は往きに $c-υ$、帰りに $c+υ$ を持つにちがいない。これを相対論の立場から説明しよう。

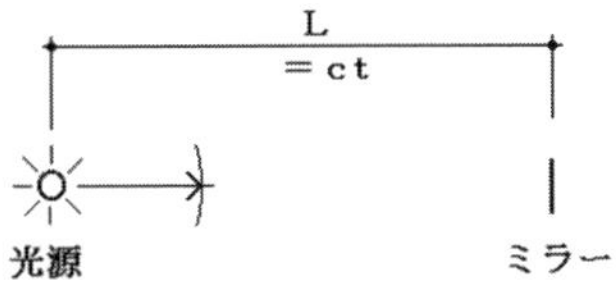

図１

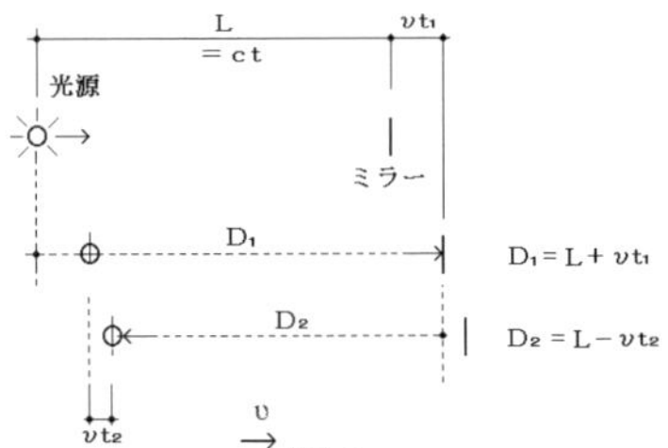

図２

相対論では「光速不変」が前提であるから往きと帰りの時間は等しいはずで、表2のとおり

往き　$(ct+υt)/t' = c$　…………………④

帰り　$(ct-υt)/t' = c$　…………………⑤

であるということになる。④式に⑤式を乗じてみると、

$$(ct+υt)(ct-υt)/t'^2 = c^2$$

となって、時間　t'は

$$t' = t\sqrt{1-(υ/c)^2} = \beta t \qquad (\beta = \sqrt{1-(υ/c)^2}\text{とおいた})$$

と短縮する。したがって、υで走行中のアーム長さは $ct' = c\beta t$ つまり 静止長さＬ＝ｃ ｔに対して β だけ縮んでいる*、と結論する。

＊ √内は正数でなければならず、υ／ｃは1より小。よって $1 \geqq \sqrt{1-(υ/c)^2} \geqq 0$

運動中の距離Ｌが常識では光の相対速度ｃ'に時間をかけｃ' ｔとなるべきところ、相対論では光速は不変で、その代わり時間が縮みｃ ｔつまりｃ β ｔであるとしている。υ がｃと直角の向きである場合[*2]には、結果的に値は常識と一致し、一見誤りのないない理論であるかのように思われる。　脚注［＊2］p.74参照

われわれの常識論	相対論
図のように、光が光源を出てアーム長Ｌの先にあるミラーに到達するまでにｔ秒要したとすると、Ｌ＝ｃ ｔであろう。 系がυの速度で運動しているとき、同じ向きの光がミラーに達するまでに走る距離はアーム長よりもυ t_1だけ余計に必要で、 ミラーからの戻りは逆にυ t_2だけ短い。すると、往きの光が進んだ距離は $c\,t_1 = L + \upsilon t_1$ …………① であって、アーム長Ｌは光の相対速度c_1でt_1秒間の$L = c_1 t_1$だから、①式は $c\,t_1 = ct_1 + \upsilon t_1$であって $c_1 = c - \upsilon$ …………② となる。帰りの相対速度は同様にして $c_2 = c + \upsilon$…………③ となる。	相対論では光速不変を前提に 往き　$\frac{ct+\upsilon t}{t'} = c$ ……④ 帰り　$\frac{ct-\upsilon t}{t'} = c$ ……⑤ であるとする。両式を乗じてみると $(ct+\upsilon t)(ct-\upsilon t)/t'^2 = c^2$ これは $(t')^2 = \frac{(ct)^2-(\upsilon t)^2}{c^2}$ となって、時間ｔ´は $t' = t\sqrt{1-(\upsilon/c)^2} = \beta t$‥⑥ （$\beta = \sqrt{1-(\upsilon/c)^2}$とおいた） と短縮する。したがってυで走行中のアーム長さは$ct' = c\beta t$つまり静止長さＬ＝ｃ ｔに対してβの率で縮んでいる、と結論する。
表１	表２

万事この調子でつき進めると、物体の質量は物体の運動に従って1／βに増すことになる。そんな特殊相対論の要点をまとめると、以下のようだ。

まず大前提として

①光速ｃは不変 であり、そこから

②運動している物は**時間がβの割で遅く**進み

③寸法は運動方向にβの割で縮み

④運動している物体の質量は1／βの割合で重くｚなる。υ＝ｃでβ＝0となり、1／βは無限大となる。

⑤したがって、物体の運動は光速を超えることができない。

なお、よくアインシュタインのそばに エネルギーの式 $E=mc^2$が並んでいるのを見かけるが、この式は特殊相対論のどこからも出てこない。

プランクの量子仮説

光に関していくつかの仮説が提出された。物体からの放射エネルギーはプランク常数ｈというある決まった単位素量ずつ放出されることがよく知られている。1900年のプランク(Max Karl Ernst Ludwig Planck 1858～1947 独)による量子仮説では、物体が輻射・吸収するエネルギーはその単位素量の倍数として、不連続にしか存在しない。プランク常数はその元（ゲン）をジュール・秒、つまり「エネルギー×時間」としてもつ常数で、$h=6.626\times10^{-34}$J・s である。プランクの量子仮説は実験結果とはよく一致するものの、当時はマクスウェルの連続場理論でじゅうぶん実用されていたから、うまく説明がつかなかった。著名な科学者たちに無視されてゆく中にあって、1905年、アインシュタインは光量子仮説の中で、このプランクの量子仮説を大胆に導入した。ところが、当のプランクはアインシュタインの光量子仮説を批判する側に立つ。両者は受け入れられないままであったが、1910年ころになると、まずプランク量子仮説が注目されるようになる。プランク常数ｈを使えばスペクトル線の説明がうまくゆき、アインシュタイン、デバイ、ボルン、ネルンストといった超一流(『科学技術史の裏通り』によれば)の科学者が、それぞれの立場から量子の考え方を原子の熱振動に適用して固体比熱の理論を完成させていく。1912年のソルベー会議で、理論物理学の将来の方向としてｈを導入することが検討され、翌13年、ボーアがラザフォードの原子模型に量子仮説を取り入れて水素スペクトル系列の説明に成功し、原子構造論を確立するに至る。

アインシュタインの光量子仮説

光の本質について、それまで支配的であった波動論では、外部光電効果——加熱した金属面に光を当てると、その波長の違いによって表面から自由電子を放出したりしなかったりする現象——という実験的な事実が説明できないという難題があった。アインシュタインは1905年、プランク量子仮説をヒントに、光は粒であるとする光量子仮説をたて、光子が加熱した金属面の自由電子を叩き出すからであるとした。アインシュタインにノーベル賞が贈られたときの名目の功績は、相対論によってではなくこの光量子仮説による。

アインシュタインは「理論物理学の来るべき発展段階は、光の波動論と輻射理論を融合する光の理論をもたらすであろう。光はあらゆる方向へ広がる球面波ではなく、輻射線の放出の要素的過程は、それぞれの方向を持ち、その放出・吸収は一定のエネルギーの量子においてのみ行なわれる。この光量子仮説によってのみ、上述の問題は解決されるであろう」と断じている。1909年の論文では、「プランクの式は輻射を粒子と見なした場合の項と、レイジー・ジーンズの式（輻射を振動体の集合とみる古典統計力学的結果）に相当する古典的な波動とみた場合の項との和として得られる」ことを証明している。

光量子仮説への当時の批判例としては、オランダのローレンツが1910年、光干渉のみられた実験結果からして「もし光量子が存在するとしたら、1個の光量子の進行方向の広がりが少なくとも1メートルはあることになる。また望遠鏡の口径を増すことによって解像力がよくなるということは、光量子の広がりが進行方向と垂直な方向にも同程度でなければならない。そうだとしたら人はどのようにして物を見ることができるのか、目はそのような大きな光量子の一部しか受け取ることができないはずなのに、光量子仮説によれば、網膜が作用を受けるためには光量子全体が必要となる」と批判している。

筆者はこう考える

光電効果について、以下のように考えられないだろうか。光は金属面の非常に浅い範囲なら入り込むであろう。光（電磁波）に含まれるある幸運な瞬間の磁場によって図（ａ）のように、金属原子の電子が軌道から膨らむような力

(ローレンツ力)を受け、同時に光の電場によって電子の回転方向へ力を受けたとする。

電子がそれから半周したところで光の磁場も反転していて、電子軌道を縮ませる方向に作用する(図(ｂ))。光の電場もまた反転しているが、電子も半周しており、さっきとは逆向きの速度をもっている。つまりまたも幸運なことに、電子のやはり回転の向きに加速を受ける。こうして、元々熱せられて活性化していた電子が2～3回転するうちに、原子の共鳴軌道の電子は、原子核の引力を振り切って原子からとび出すことがある。周囲は電子と同種のマイナス電荷をもつ自由電子たちで満ちており、彼らからの反発を受け、反発作用の少ない金属外面へとび出すのである。飛び出した電子は光電管の陽極側へ引きつけられてゆく。熱せられて動き回っている自由電子たちのひとつは、電子の飛び去った原子の空席へすばやく入り込む(落ち込む)。こういったことが光電効果ではないか。

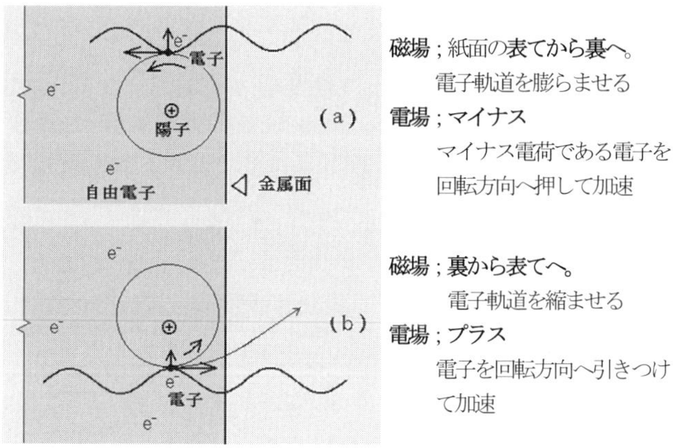

e⁻
電子
e⁻
陽子
(ａ)
e⁻
自由電子
金属面
磁場；紙面の表てから裏へ。
電子軌道を膨らませる
電場；マイナス
マイナス電荷である電子を回転方向へ押して加速
e⁻
e⁻
(ｂ)
e⁻
電子
e⁻
磁場；裏から表てへ。
電子軌道を縮ませる
電場；プラス
電子を回転方向へ引きつけて加速

光電効果

アインシュタインが言うところの、電子に比べてはるかに質量が小さいはずの光子が電子を叩きだすというのは違うのではないか。そうではなく、電磁波に共鳴(さきほどの“幸運”に相当)する、つまり、光の振動数と電子の回転数が同じか整数倍である場合に勢いを得て原子の外電子が飛び出す、というのが実際のメカニズムではないかと考える。これに大きなまちがいはないのではないか。

アインシュタインの光子説では実際上、なぜ光子がｈの倍数ごとによく電子を叩きだすのか、また彼の光子(光)は陰極板(金属板)へ向けて照射されているのに、なぜ電子が金属の外面へ向かって叩き出されるのか、その不条理なメカニズム説明にも納得しがたい。

相対論への疑問

Ｓ君への手紙　相対論の疑問に関する手紙をある日 友人へあてた

――親愛なるＳ君

2011年9月15日付けで、いつになく力のこもった、しかも分厚いものを頂戴しました。光に関するこれまでの諸学説を、さすがよく調べられましたね。

科学史上の発見や新学説は、学究する者に元気をくれます。これら、これまでの経緯を一応知っておくことは意義あることだと小生も理解しています。

――なぜ新幹線の車中で玉の速さは違って見えないのか――

さて貴君はまだ相対論は正しいと言われますか？ それではこれはどうです？

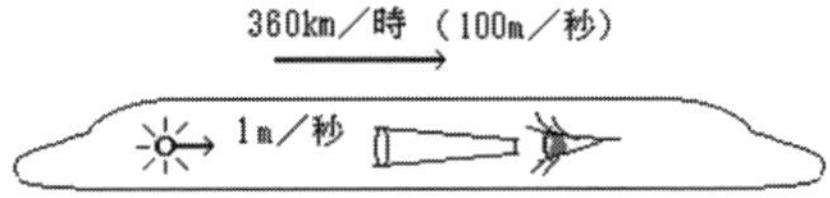

貴君のテーブル上で毎秒1メートルの速さをもって奇妙な物体(小さい玉)が君の方へ近づいている。それを貴君でなくＡ君と呼ぶことにしましょう。Ａ君は実は時速360km で走行中の新幹線の車中にいる。

マイケルソン博士の時代の見方であるが、列車は秒速100m もの速さで走っているのだから、Ａ君はその物体の運動に対して真横から見たり後方から見たりしたとき玉の速さはそれぞれ違った速さに見えなければならないと思った。しかし、横から測ってもいかなる側から測っても同じ1m/sec であった。Ａ君は前方から見たら秒速101m で、背後からは99m であると観測されるはずと思ったのである。Ａ君はなぜどちらから見ても秒速ぴったり1m にしかならないのか不思議がった。傍観者Ｂ君はそこで、この玉の速さはどんな座標(車内、車外を問わず)にあっても不変な1m/sec であると説明した。貴君はこのことをどう説明しますか?

つぎに、秒速100m で走行中の車中でその秒速1m の玉が光を放った場合、A君から見てその光の速さは、貴君が正しいと信じている相対論によって秒速何 km になると貴君は説明しますか?　c ですか? なぜc ですか? それは何に対してですか?

玉が車中で静止していた場合にはA君の見る光速(玉の速さではありませんぞ)はやはり c ですか? 列車が停車している場合だったらどうですか?

また、玉は走行する車中で静止しているが、自分のほうが玉へ向かって1m/sec で近づきながら光る玉の光速を測定したらどうですか? やはり c ですか? もしそうなら、そのことを図示しながら100人いたら100人に分かるように説明してみてください。但し、その説明は相対論に基づいていなくちゃいけません。

貴君がその相対論に基づいて説明してくれたら、その説明中に矛盾の起きていることをその後小生は指摘することにしましょう。貴君はその矛盾を、誰にでも納得できる説明で解かなきゃいけない。難解な数式を用いてくれなくてもよろしい。絵に描いて示してくれたら十分です。

——光はどこを走るのか——

貴君は光は真空中を光速c で走ると言いましたね。光が真空中でも伝わることは小生も認めます。小生が言うときの光のエーテル(媒質)とは、物質のことを指していません。通常に媒質といえば、物質のことを指しているでしょう。光は物質ではないと小生は考えています。エーテルは存在しないと主張するならしてもよいです。しかし、それなら光は何に対する速さであるかに答えないといけません。その何は何か? です。

電場や磁場、もちろん重力場も、真空中に充ちています。これらの“場”は物質ではないから、それらの場が存在しても真空である空間はありえますね? 普通、真空というときには、その真空の範囲に物質の何者も存在しないことでありましょう。物質とは質量を持つものを指し、真空な空間とはその空間に質量がないことを指すと言ってよいでしょう。つまり磁場は質量を持たないんです。真空中に重力場は真空条件を乱すことなく存在し得るわけです。光が磁場と電場と重力場の相互変換であるとすれば真空中でもそれは起こりえて、その進行速度は道端の電信柱や人間が妄想し仮置きする座標など全く関係なしに生じているんです。

貴君が相対論を信じ、小生の理論は認められないというのならそれでよいです。ただし、貴君がそう断言するには、小生や他の相対論懐疑者によって指摘される相対論におこる矛盾を解いてみせ、次に小生が主張する理論が間違っていることを示す根拠(実証)を示されるべきです。(小生が相対論は擬似物理学であると言及したにはちゃんとした指摘と理由を述べています)

それは「偉い誰かがそう言うから」というのでは納得できませんぞ。ただの歴史家としてならそれでもよいが、自然の謎と未知の真理を解こうという科学者としての態度ではないです。自然の真理は名高い誰かが言うから正しく、生意気な誰かが言うから間違いであるということは決してないと小生は考えます。

誰かがそう言うから、というのでなく、自ら考えてその考えを自ら発言しなけりゃいけません。誰かの意見を裁定するときにも、もっと偉い誰かの偉影に頼ってはいけないです。

どうか貴君自身の頭で考えてくれ給え。虎の衣を借りて自然科学(特に物理学)はできません。最も偉いのは自然自身ですからね。たまたま昨日＊のテレビ放送によると、ブッダの言葉に「自分を灯明にせよ法を灯明にせよ」というのがあります。正しい考えのために原因と結果を突きつめること、自ら考えて正しい方向へ進むべしというものでした。ここで法とは自然の法則のことを云うと言っています。

＊ 2011. 9. 20 頃、ＴＶ局不明

補足しますが、車中の悩めるＡ君とはマイケルソン実験結果を解釈した科学者のことを指しています。Ｂ君とはとりもなおさずアインシュタイン博士。そしてその実験とは、マイケルソンの最初の実験、マイケルソン–モーレイ実

験のことを言います。後述するつもりの重要な(相対論者にとっては具合の悪い)ＭＧＰ実験のほうは史実としては普通伏せられていますからね。

ニュートンが光の粒子説を言ったのは、あの時代、仕方がないと小生は考えています。万有引力法則についても、目に見えない力(場)というものの存在を初めて言い出したことで、当時では彼自身なにか宗教者と同類な迷信的なものに感じたでしょう。現在に生きている私たちだからこそ言える事ですが、光の粒子説には、硝子に飛び込んだ光速は遅くなるが、硝子から空中へでると再び速さを増すことは物質だとすると矛盾がありましょう。

偉大なひとりの科学者が考えた全てに亘って正しかったことはむしろ希です。中に1つ2つ誤りがあったとしても、それで新しい考え全てが否定されなくてもよいと思っています。貴兄も偉大な化学者ラボアジェにして間違った原子論を主張したことのあることをご存知でしょう。設問に対する貴兄のご回答を期待しております。

この問への解決に当って貴君は、貴君が書いてくれている「ここにエーテル仮説には重大な矛盾があることになった。この事態を解決したのがアインシュタインの相対論である」は、史実としてはそう記述されているかもしれないが、これには単純な取り違えのあることがわかるはずです。

そしてまた、貴君の「今の高校物理で相対論には触れないようになっています」は、それで正解だと思います。相対論はこれからという若い研究者たちに無駄な精力を使わせます。人類に甚大な損害を及ぼしています。なんとかしなきゃいけません。ラボアジェの間違いには1箇所だけ正せば済みますが、糸のもつれみたいな相対論は厄介です。聞く耳を持たず、なかなか救い出せません。小生の親友たる貴君からして、未だにアインシュタイン教祖の元から引き出してあげられない始末ですからね。

太陽方向への光も遅くなる

水銀に浮かべて水平に置かれたマイケルソン・モーレイの実験装置は図のようで、45度傾けて置いたスプリッターM_0の左方に例えば光源Ｐがある。そこから入射してスプリッターで反射された光は図のｙ方向(上方、地球の公転半径方向)へ、透過したものはｘ方向(右方、公転方向）へ別けられる。それぞれはアーム長 $\ell(=L_2=L_1)$の先に直角に置かれたミラーM_2、M_1で反射されて戻る。

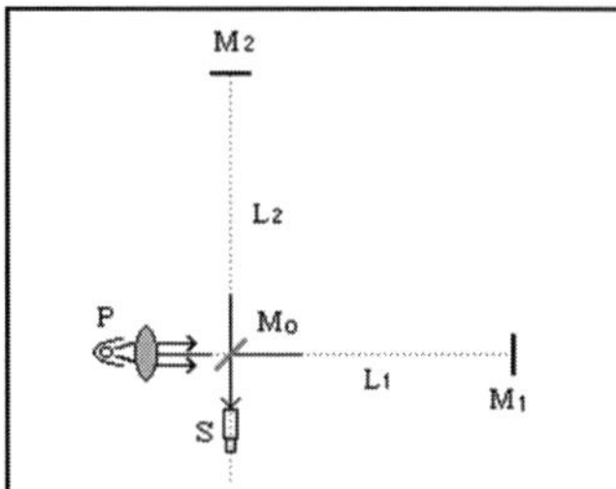

図１

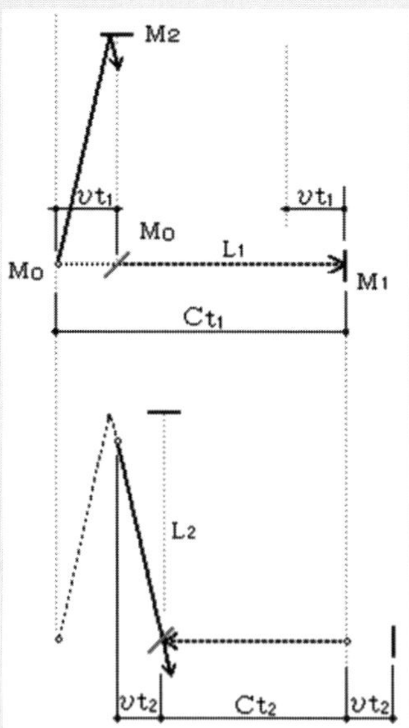

図２

マイケルソン干渉計による地球の公転速度での観測

干渉計はυの速さで運動しているものとする。図のM_0から、光源Ｐの光が２方に別けられて出発し、左図のように、t_1秒後に公転方向の光がM_1に到達。すぐ反射される。

さらにt_2秒後に公転方向の光がスプリッターM_0に戻ると、上方の光と重なり、干渉縞を観察するはずである。

上方から戻ったものはスプリッターを透過し、右方から戻ったものは反射して90度下方に向きを変え、両者は重なり波長のずれが観測される。

装置全体は光の座標に対し右方へ公転速度υの速さで動いているとしよう。

図2上段は右方へ進む光がt_1秒後にちょうどミラーへ到達した図である。下段は右のミラーで反射後t_2秒でスプリッターへ戻った図である。

さて、$t=0$からt_1秒後には 装置は$υt_1$だけ右へ動いている。右のミラーに到達したときスプリッターも$υt_1$だけ右へ動いているから、往きの光路はアーム長ℓと装置の移動距離の和となり、それはCt_1である。上方への光はミラーですでに反射し終えていて、少なくともミラーは水平のまま元の位置から$υt_1$ほど動いている。つまり、アームの向きへ向かった光がミラーに当たるにはミラーが移動した分、斜めに走ることになる。一方、右方への光が反射されてt_2秒をかけてスプリッターへ戻ったときにはスプリッターは$υt_2$だけ光に対向する向きへ動いている。上方から戻った光はおそらくすでにスプリッターを通り抜けている。

まず**公転方向について**見ると、装置の長さL_1は図から

$$L_1 = Ct_1 - υt_1 \quad \cdots\cdots ①$$

往きの相対速度C_1はそれに要した時間t_1で除してL_1/t_1すなわち

$$C_1 = C - υ \quad \cdots\cdots ②$$

帰りは再びスプリッターへ戻るのに時間をt_2秒要したとすると、その間に光が走った距離はCt_2となる。その間にスプリッターも$υt_2$だけ近づいているから装置の長さL_1は図から

$$L_1 = Ct_2 + υt_2 \quad \cdots\cdots ③$$

帰りの相対速度C_2は

$$C_2 = C + υ \quad \cdots\cdots ④$$

ということになる。アーム長を相対速度で言えば

$$C_1t_1 = C_2t_2 = L_1 = \ell$$

すると、この式からわかる往復に要した時間 $t_1 + t_2$ は

$$t_1 + t_2 = \frac{l}{C_1} + \frac{l}{C_2} = l\left(\frac{1}{C-\upsilon} + \frac{1}{C+\upsilon}\right) = l\left(\frac{2C}{C^2-\upsilon^2}\right) \quad \cdots\cdots⑤$$

次に、**公転半径方向**ではどうだろうか。

公転半径方向へ往復した光がスプリッターへ戻るまでの時間をT_y秒だったとしよう。その間に往復する光はスプリッターの移動距離を底辺とする二等辺三角形を描いてジグザグに走行することになる。その公転半径方向を取り出してみたのが図3である。

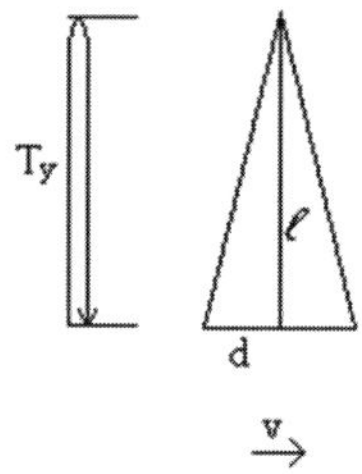

図３

図のT_yは往復に要した時間。ｄはその間にυの速さで公転方向へ移動した距離の半分。ℓは腕の長さである。実際には光はジグザグに進行する。

図の斜辺にあたる往復距離をS_yとすると

$$S_y = CT_y \quad \cdots\cdots⑥$$

三平方の定理から

$${S_y}^2 = (2\ell)^2 + (2d)^2 \quad \cdots\cdots⑦$$

ミラーの動いた距離 $2d = \upsilon T_y$ ……⑧

公転方向については、光の往復時間は、それをT_xとすると

$$T_x = t_1 + t_2 \quad \cdots\cdots⑨$$

光の進行距離は図2から

$$L = C(t_1 + t_2) = CT_x \quad \cdots\cdots⑩$$

ミラーの動いた距離L_xは

$$L_x = \upsilon T_x \quad \cdots\cdots⑪$$

この場合、公転方向往復時間T_xと半径方向往復時間T_yは必ずしも等しくない。これを等しいと錯覚すると誤った式ができる。⑤式から

$$T_x = \ell\left(\frac{2C}{C^2-\upsilon^2}\right) \quad \cdots\cdots⑫$$

半径方向（ｙ方向）の往復時間T_yについては。まず⑥から

$$T_y = S_y/C$$

これは⑦から

$$T_y = \frac{\sqrt{(2\ell)^2+(2d)^2}}{C} = ⑧から = \frac{\sqrt{4\ell^2+(\upsilon T_y)^2}}{C}$$

よって　$CT_y = \sqrt{4\ell^2 + (\upsilon T_y)^2}$

両辺を2乗すると　$C^2{T_y}^2 = 4\ell^2 + \upsilon^2 T_y^2$　これをT_yについて解くと

$$T_y = \frac{2\ell}{\sqrt{C^2 - \upsilon^2}} \qquad \cdots\cdots\cdots\cdots\cdots\cdots\cdots\cdots\cdots\cdots⑬$$

と得る。これは、光が太陽方向のアームを往復する時間も単にℓを往復する時間に等しくないことを示している！　また、公転方向に往復する光の往復時間（⑫式）は更に長い。

では、公転方向往復時間の太陽方向往復時間に対する比率 $T_x/T_y = R_t$を求めてみよう。⑫式を⑬式で除す。

$$R_t = \ell\left(\frac{2C}{C^2-\upsilon^2}\right)/\frac{2\ell}{\sqrt{C^2-\upsilon^2}} = \frac{1}{\sqrt{1-\left(\frac{\upsilon}{C}\right)^2}}$$

$$\frac{\upsilon^2}{C^2} = \alpha とおくと R_t = \frac{1}{\sqrt{1-\alpha}} \qquad \cdots\cdots\cdots\cdots\cdots\cdots⑭$$

これは、公転方向の光が往復する時間は、それと直角な太陽方向の光が往復する時間に比べ、この率長いことを示す。

こんどは時間差$T_x - T_y$を求めてみよう。これを⊿Ｔとして、⑫―⑬から

$$⊿T = \ell\left(\frac{2C}{C^2-\upsilon^2}\right) - \frac{2\ell}{\sqrt{C^2-\upsilon^2}} = 2C\ell\left(\frac{1-\sqrt{1-\left(\frac{\upsilon}{C}\right)^2}}{C^2-\upsilon^2}\right)$$

分子分母をC^2で除してαを用いると

$$= \frac{2\ell}{C}\left(\frac{1}{1-\alpha} - \frac{\sqrt{1-\alpha}}{1-\alpha}\right) \qquad \cdots\cdots\cdots\cdots\cdots⑮$$

マイケルソン実験ではこれだけの時間差が生じるはずであった。つまり、

直角をなして二つに分けた腕の片方を太陽に対する地球の公転速度と一致させると、その方向の光速はCより地球の速度分だけ小さいはずである。また、鏡で反射されて戻ってくるときは、Cより同じ量だけ速いはずである。他方は、公転速度と直角なので、往復とも同じ値であろうと思われたかもしれない。設置誤差を消去するために、装置全体を90度回転したデータをとって確認している。

90度回転して設置したときに装置に誤差が生じないためには、装置全体を水銀に浮かべたコンクリートブロックの上にのせ、回転させながら観測した。太陽を回る地球の公転速度は毎秒30キロメートルになる。理屈では太陽のある方へ向けた光路に対し、公転速度に平行な片方は毎秒30キロメートルである。彼らの使った波長の10分の4のずれが観測されるはずであった。

結果は100分の4より大きいずれは観測されなかった。（『アインシュタインは正しかったか』クリフォード）。 これがなぜかは4章P. 109で判る。

脚注 ＊2

太陽方向の光の往復時間は⑬式で与えられ $T_y = \frac{2\ell}{\sqrt{C^2-\upsilon^2}}$ 　⑬

一方、公転方向の往復時間は⑫式と得られ $T_x = \ell\left(\frac{2C}{C^2-\upsilon^2}\right)$ 　⑫

⑫式は$2l = T_x(c^2-\upsilon^2)/c$と変形できて、これを⑬に代入すると

$T_y = T_x\,(c^2-\upsilon^2)\,/c\sqrt{\ }(c^2-\upsilon^2)$

$\quad = T_x c^2(1-\upsilon^2/c^2)/c\sqrt{\ }[c^2(1-\upsilon^2/c^2)]$

$\quad = T_x c^2\beta^2/c^2\beta = \beta T_x$ 　　（$\sqrt{1-(\upsilon/c)^2} = \beta$と置いた）

すなわち、$T_y = \beta T_x$ を得る。

通説は本当か　……つじつまが合わない「二大疑惑」

宇宙膨張説は本当？

驚くことに、宇宙膨張理論は少なからぬ学者によって本気で信じられている。真面目に考えればそのようなことはあり得ないはずだ。そこで私は「光に関連して言われる宇宙膨張説には矛盾がある」と、あるかたに書簡を献じたことがある。それが一般の人にあてたものだけに、易しく書けていて、改めて厳めしい書き方をするよりよほど分かりよいからそのまま述べたい。

≪K様、しかし、私たちの『幻子論』では、光波を伝える“エーテル”が独立に(物理とは無関係に)存在するのではなく、物質が物質の存在と同時につくっている「場」を、場の性質の相互作用という“振動”として光は走る、と唱えるわけです。

このことは、地球がどんな高速度をもつ可能性があるにもかかわらず、いかなる方向にも、とくべつ色づいて見える(波長が変化する)こともない平穏さを持っていることと矛盾なく説明することが可能なわけです。ビッグバン説の元となる赤方偏移をドプラー効果と見違える矛盾も、この光の性質できれいに説明可能なわけです。

ビッグバン説では、空間は等質膨張(あらゆる空間が同じ率で膨張)している、というものですが、その考えは現代の青年が頭でこしらえる“青少年向け非科学フィクション”に似た程度の“科学性”しかもたないことを、次のようなことからも言えそうです。

私、暇になると色々頭に浮かんできて困るのですが、いま、地上に高さＨの電柱が立っていて、電柱の頂上から上空χにあるＰなる地点を想定します。それを空間の一点とします。この電柱からχまでの空間はビッグバン理論によりますと、他のいたるところと同様にｋなる率で膨張しているわけです。つまり次のある瞬間にはχよりｋχだけ高いところにあるわけです。ところが空間は全てがつながっていて、当然ながら、その電柱が立っている足元の地面からＰまでの距離(Ｈ＋χ)もまた、同じ率の等質膨張でなければなりません。地面からＰまでの空間も、次のその瞬間には$(H+\chi)$にｋを乗じただけの空間の膨張がなければならないから、その点は電柱からの膨張量とはｋHばかりズレて存在することになるのです。

つまり、空間の等質膨張だけでは矛盾のない膨張は不可能で、電柱自体も膨張するとしなければ理屈に合いません。電柱という物体をつくる分子・原子のサイズも、またそれらの相互間距離も、膨張していなければならず、何もかも、つまり“膨張”を測定する定規そのものも膨張していて、膨張を確認することができないわけです。するとドプラー効果も起こりえないはずです。ドプラー効果という現象は、物指（ものさし）や時間といった常に不変な定規を基に成り立っているものです。光の振動数だけが不変で、物指も含めてあらゆるものが、まるで設計図面のように縮尺どおりに縮小あるいは拡大されている、という考えは、漫画の世界でもなければ、ナンセンスな空想論でありましょう。明晰なはずの科学者たちのこの思考レベルは、アインシュタインの光速不変を受け入れる知性と類似のものであることを示しています。

この万人一致した科学者の単純さは、自分の頭と足が入れ替わるほど驚愕すべきことに、私には思われるのですが、今の科学界の平穏さはどうしたことでしょうね。　　2008年3月11日》

≪K様、先に3月11日付、さし上げたお手紙で、「ビッグバン説の基となる“等質膨張”とは、物体である定規もまた膨張していて、膨張を確認することができない。するとドプラー効果も起こりえないはず」と断じました。今日はそれをもっと明確にしておきましょう。

等質膨張とは、空間も定規も、何もかもが膨張していることを言い、そのことは電柱の話で確認しました。そうしますと、この膨張という物質間距離の“変化”は相互間の相対的運動“ではない”ことを示しています。相対運動のない物同士が伝えあう“波”はドプラー効果を生じないことをわれわれは知っています。『幻子論』の中ではドプラー効果の説明図で示してあり、あれでよくわかるでしょう。

われわれにとって、われわれから同距離にじっとしている対象物から聞こえる音はドプラー効果を生じません。仮に等質膨張が正しいとして、対象物までの距離を測るメジャーという物体も同じ率で膨張している(我々に対しじっとしている)とすれば、対象物はメジャーに対してすこしも運動してはいません。そしてたしかに、そういう対象からはドプラー効果は生じないのを現実のこととしてわれわれは知っています。メジャーに対して“相対的”に運動するときにだけ生じるのがドプラー効果でした。つまり等質膨張というものはそれ自身“互いの間の運動”**ではなく**、しかるに、ドプラー効果は生じません。この事実は誰もが知っているはずです。このことは、ビッグバン説の根拠とされた赤方偏移が「等質膨張によるドプラー効果によって起こる」とすることは、とんだ思い違いであることを明確に示しています。等質膨張が“運動”とは異質なものであることをさらに確認しましょう。

その証拠の一つは、具体的には何に対して運動することによって互いの距離を広げているか？という質問に答えられないことで示されましょう。じっとしているのは電柱なのか？それとも電柱からχにあった一点の方か？これを誰も決めることができないわけです。その証拠にまた、ビッグバンの中心はどこか？に、誰も答えることができません。つまり、あの膨張というのは人の頭の中に作った“概念”であって、“具体”ではないからです。このように、具体をなおざりにして、“概念”だけで押し広げていくものを、“物理”を考えるべきはずの「物理学」であると、どうして言えるのでしょうね？》

ハッブル則の矛盾

ハッブル則は、初めに書いたように

(後退速度V)=H ×(距離R)　　　　Hはハッブル定数…………①

というものである。これは次のような矛盾をはらんでいる。

ある星が赤方偏移によって後退速さがｖ光年/年と判ったとしよう。宇宙が仮に等方膨張だとして、宇宙にどこからかエネルギーが湧いてこない限りは、等速後退しかありえない。そのときの赤方偏移をεとしておこう。ハッブル則によれば赤方偏移εによって星までの距離Xが分る。

さて、その星がυの速さを持っていたとすればN年後には今からNυ＝χ光年だけ遠ざかっていることになる。しかし、加速度膨張でなければ、後退速さは依然υでなければならない。ハッブル定数Hが定数なら、N年後の観測者は、そんな事情を知らなければ、速さυの星の赤方偏移はハッブル則から逆算して相変わらずεである。

速さυ、赤方偏移εという同じ値を持つはずの星の観測では、N年前とは距離だけがX＋χと違ってしまう。ハッブル則から得られる距離Xは間違って得られることになる。この矛盾がないためには、赤方偏移は星が遠ざかるために起こっていることではないと結論しなければならない。つまり、宇宙膨張理論には重大な誤りがあることになる。

ホーキングの光速

『ホーキング宇宙を語る―ビッグバンからブラックホールまで』(ホーキング著) という本の巻末で、ホーキングはなぜかニュートンを誹謗している。

彼がどういう人柄であったにしろ、ニュートンの物理学が道理にかなったすばらしいものであることを、わたしは驚嘆をもって受け入れる。同じように、道理を追ってみれば、アインシュタインによる相対論は非物理な想像論としてしか思えなくて仕方がない。

すくなくともニュートンとホーキングは考える機械ではなく、精神というものをもった「人」であって、彼らの知的作業はまた、この精神の作用によって達成されたものである。敵対する論敵に対し、好ましい心証をもたなかったからといって何が言えよう。そもそもわたし自身からして人間であり、同じ心証をもたない自信はない。

このように自然科学という学問においても、そのより正しい学問が完成するかは大いに人間性に関わっていることを認めないわけにゆかない。真に正しい科学が進められるかは、実際、その大いなる困難によって阻まれることがある。

アインシュタイン時代当時の常識から言えば、光に向かって運動する人には光はそれだけ速く見えるはずであった。ところが、それはそう簡単なことではなかった。このことをいろんな科学者が説明していて、『ホーキング宇宙を語る』の中でホーキングもまたふれている。「とくに地球は太陽のまわりを回るのにエーテルの中を運動するので、地球の運動する方向にそって測った光の速さは、この運動に対して直角の方向からくる光の速さよりも大きくなるはずだ。1887年、マイケルソンとモーリーはきわめて精密な実験を行なった。地球の運動方向とそれに直角な方向で、光の速さを比べたのである。驚いたことに二つの速さはまったく同じだった！」(『ホーキング宇宙を語る』から)

このことについてオランダの物理学者ローレンツは、

「エーテルの中を動くときには物体は収縮し、時計は遅くなる」(同上)と説明し、当時、スイスの特許局の職員だったアインシュタインは、

「絶対時間の概念を放棄する気になりさえすれば、エーテルの概念はすっかり不要になる」(同上)と説明する。

フランスの数学者ポアンカレも同じことを主張した。ホーキングによれば、この問題を数学的にとらえたポアンカレに比べ、アインシュタインの議論の方は物理学に密着していた。それからホーキングは「相対性理論と呼ばれるようになったこの理論の基本的な前提は、等速度で動いているすべての観測者に対して、その速さがどうであろうとも、科学的法則は同一であるべきだというものだった」と説明する。

ここまではぼくらにとっても、**相対論**を説明する内容としてはそのとおりである。その上でこういった考え方が科学的にみて真っ当であるかは別段に考えてみなければならないだろう。すくなくとも私は、わたしが今どんな動き方をしていたとしても、物理的法則は私に構わず同一である(変わるわけがない)という点にはまったく異論はない。注意しなければならないのは、ここの「同一であるべき」という句が曲者であることだ。これが相対論ではいろんなふうにすり替えられていく。

しかし彼が説明したとおりであるとすれば、こんなふうに解せられる。すなわち、観測者である私がどんな等速度運動をしていようが、自然法則は私が観察するとおりの――つまり私に見えるとおりの――ものが自然法則である、ということになる。(これは今、じつはわたし自身が解釈をすり替えた)

そして今、彼が説明したとおりのこと、わたしがいま解釈をすり替えたと

おりのことが、アインシュタインの相対性理論に紛れもない。つまり光の速さは、私が他の人たちとは別な、勝手な等速度運動をしていても自然法則のとおりのものである、ということになる。他の人たちそれぞれにとっても、彼自身にとっても同じ光速である。私と他の人たちが見ている同じ光の速さがそれぞれにみな同じである、つまり、光の速さはそれぞれの人に同じ値で**ついて**くるというわけである。

ぼくらにとってあまりに変な話で、すんなりと腑に落ちない。ぼくらの方がまともでないのだろうか？ 大自然の法則は、ぼくがどんな速度をもっていようが、ぼくの存在とは無関係に、絶対的なものであるはずだった。そのはずの法則を、ぼくなりの法則として“もち運んでいる”という矛盾を、相対論は抱えている。

ところが、この矛盾をはらんだ相対論が“現実”のものであるとして論じられるのは、さきの「私と他の人たちが見ている同じ光の速さがそれぞれにみな同じである」という理論と、現実にマイケルソン実験から得られた「それぞれに対して光の速さはまったく同じ」であったことに一致しているという点によってである。

そこで、ぼくらがぼくらの深い考察によって見抜くことになるのは「それぞれに対して光の速さはまったく同じ」という**解釈**が間違っているという事実からである。この点がきわめて重要なことだが、このことは第4章に譲ることにしてホーキングにもどると、次に彼は「これはニュートンの運動理論については真実であったが、いまやマクスウェル理論と光速を含むように拡張されたのである。これで、たとえどういう速さで運動していても、すべての観測者が測定する光速の値は同じであるはずだといえることになる」と言う。

これで完全に彼はすり替えた。ニュートンの理論――ここではニュートンの、3つの運動の法則を指している――は等速運動をしている観測者にとって同じ法則が適用できる（観測と法則とが一致している）、であって、たしかに真実であると筆者も思う。筆者が認めるのは“法則”が同じ法則であるという点で、である。“観測値も”ではない。ある一つの物体の運動は、それぞれちがった等速度運動をしている複数の観測者（これらは慣性系と呼ばれている）にとって、ニュートンの運動の法則は各々の観測のとおりに適用されるが、それぞれに見えるその物体の運動速度や運動量の“値”はそれぞれ異なる。慣性系においては“運動の法則”という自然に適用される約束は同じであるが、それぞれに見える光の速さといった物理量はそれぞれ異なる。もっと言えば、慣性系でない（加速度運動をしている）観測者にとっても、ニュートンの法則のような大自然の適用している“法則”はみな同じなのだ。それが各々の非慣性系にある観測者にはそれぞれの“値”をとってみえるにすぎない。自分の運動を差引いて補正すれば、すべての観測者にとってその運動体は同一の運動をしていることが確認できるはずである。

つまりある運動体の運動について、各慣性系からそれを見れば、それぞれ違ってみえる。しかし、適用される運動法則（自然の法則）は同じである。相対論の言う「光の現象について自然の法則はただ1つあって、光の“値”までが各慣性系について同じである」、に対しニュートン理論に言う「運動法則は各慣性系で同じである」ははっきりと異なる。相対論のすり替えるところは、すべての慣性系について同じ物理法則が適用され、しかるに光速の値もまた同じである、とした点にある。

シンクロトロンも証言

“光速論”の草稿に没頭していた当時、わたしの頭は相対論の問題のため宇宙的空想に浸っていた。そんな、夢だか現（うつつ）だかの中で私は質量ｍなるものが宇宙空間を走行するさまを想った。

ｍがジェットを使って加速し、光速近くまでスピードを上げたとすれば、ｍに対するまず全ての恒星はｍに対して光速運動をしていることになる。このとき、特殊相対性理論は、ｍに対して光速で運動するものはｍから見て質量が無限大になると主張し、恒星たち相互間の距離は、やはり特殊相対性理論によれば縮み、互いに密着してしまうことになる。

茨城県のつくば学園都市に、大規模な陽子シンクロトロンをもつ高エネルギー加速器研究機構（ＫＥＫ）がある。そのシンクロトロンのうち、直径108㎜のものは周長340㎜ほどということになる。そこでは、この真空のチューブの外から磁場をかけて内部の粒子を加速させ、粒子同士ぶつけてみたりしている。あるいは粒子を外へ放り出して、岐阜県神岡町にあるスーパーカミオカンデの地下タンクまで地中を飛ばしたりするともいう。

だがわたしには、なにかの証拠をつかむための実験室などない、ただただ相対論と異なる実証はないかと思索するばかりであった。そんなある朝、うとうとしながらも、船舶の前マストから後マストまでの距離、あるいは、船舶と船舶の距離、そういうものが光速でも縮まないことを示す証拠はどこかにないものだろうかと考えていた。ちょうどそのとき、あのつくばの陽子シンクロトロンの設備を見たことがあったのを思い出した。

シンクロトロンを周回する粒子は光速近く(99.7%)まで加速される。すると粒子は自分の後ろを追いかけることになる。もうひとつの自分との距離はシンクロトロンの周長だ。この粒子は施設に対してほぼ光速で運動している。施設の研究員に対して光速である。

そうすると、どんなことになる！ かくてひらめいたことは、粒子とそれを追う粒子自身との距離も、相対論によれば縮まなくてはならない。その周長が縮んでも、粒子はシンクロトロンのチューブの中に在り続けられるだろうか！ 運動周長ゼロであるはずの粒子の軌道をチューブの中にもちながら、現に研究員が目の前に見ている施設はさっきから同じ340m のままにしか見えない。

相対論の誤りを証明する実験はずっと前から存在していたのだ。なんとこんなに身近で、実際に目にすることのできる実験施設が、光速運動する物体の距離はすこしも収縮しないことを観測させ、実証し続けていたのである。ＫＥＫで、今は誰にでも、走る物体が一ミリだって縮まないことを見せてくれる！ カール・セーガンが要求した「実証」を、はからずも世界に示すことができたわけだ。

重力場と光速の関係

以前誰からか、「重力場が光の速さとどう関係するのか理解できない」と聞いたことがある。そのことについてすこし論議してみよう。

光のエーテルは重力場であるとしてよいか

重力場こそが光のエーテル(媒質)であると実感できそうな実際の現象について、のちに述べよう。一方では、わたしは「重力場は波をつくらない」と述べているから、矛盾があるように受け取られるかもしれない。しかし、それは純粋な重力場に関しては、ということだ。重力場が他の種の場に変換(相互作用)するとすれば、波を形成しうるかもしれないと考えている。磁荷や電荷と結合した力学的な場が“力場(ローレンツ力*)”として存在するなら、重力場がそれらの力場と同化するなどして振動を起こすことは十分に考えられるからである。

いま仮に大木の枝に張られているクモの巣をイメージしてみよう。木の枝に渡されたクモの巣上で動いているクモの速度は木の枝に対する速度である。クモの巣はクモが本来の速さで動ける、クモにとっての静止場である。巣にかかった獲物は巣に対して動けないから、クモが獲物に近づくことは造作もないことだ。

樹木が風に揺れている場合はどうだろうか。クモにとって静止する巣は、その揺れている樹木の立つ地面に対してはたしかに動いている。風の強い日などには、地面に対して自身が思っているよりはるかに速く動いていることだってあるわけだ。だが、クモにとっては、巣という自分の足場に対して、いつもの速さで歩けることが当たり前なのだ。

磁石から出る波

さて、馬蹄形磁石を叩けば音叉のように振動して、磁石の磁場にも変形が生じるに違いない。それは局部的に磁場勾配が変動することにほかならない。磁場勾配の変動は電場を誘起する(ビオ=サバールの法則*)。　電場の発生はまた磁場の変動を誘起する(レンツの法則*)。こうした相互作用の伝播こそは電磁波にほかならない。

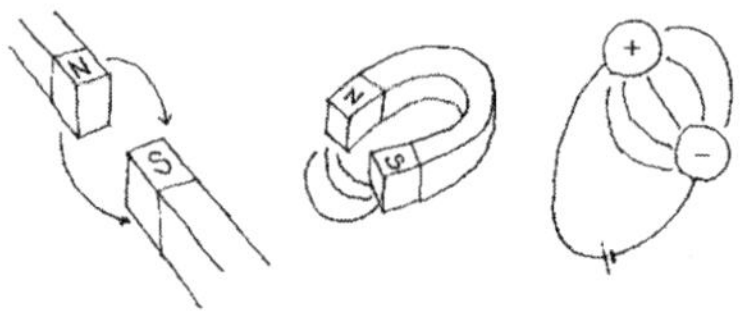

すなわち、馬蹄形磁石のつくる磁場の中を、（ちょうど樹間に張られたネットをゆくクモのように）電磁波は伝わるはずである。このことに疑問の余地はない。

だとするなら、磁石が動いているときには、その動く磁石のあいだにあって起こる電磁波もまた、磁石と共に動いている、つまり、その電磁波の静止座標は磁石の運動と共にあると言ってよいだろう。

重力場と力場とは同じか

磁石は磁場と結びついた“力場”を併せ持っているようだ。その証拠には、磁性体、例えば鉄片を吸い付け、重力のために机上に密着している鉄片を重力に逆らって引き付け、持ち上げることもできる。

鉄片を引っ張っている重力場に抗して磁石の持つ力場が実際に持ち上げるのだから、これら力学的場は同種の性質を持つ力場であると見てよいであろう。

磁場と結びつく力場の、重力場との大きな違いは、その対象となる物質の違いによって強弱がある、という点にある。重力場はあらゆる物質の“質量”だけに応じた分の力を作用する。磁場や電場に結合する力場は、媒質の誘磁率や誘電率あるいは相手の磁気量や電気量に応じて作用し、相手の質量によらない。しかし、それらによって生じる力場は重力場と同様に、質量に働いて“加速度”を生じさせる。これが力場であるとすることの根拠だ。

絶対座標

磁場や電場が電磁波をつくるらしいが、一旦生じた電磁波は発生源である磁荷や電荷からはるかに遠ざかってもなお進み続けるのはなぜか。それは媒質としてどこまでも存在する重力場を選んで相互作用をしながら伝わるからである、とわれわれは考えざるを得ない。するとその速さはそこに於ける重力場に対してということになる。そしてその電磁波の速さを知るには、われわれはその重力場の運動速度を確定しなければならない。つまり光の絶対座標とは、その空間での重力場運動速度と等しい速度を持つ座標のことであると言えよう。

ある空間における絶対静止座標とは、宇宙に存在するあらゆる質量から及んでいる重力場運動速度に対し静止する座標をもって、（絶対座標と）認められるものであろう。

参考

電磁誘導の数理

電磁誘導とは、磁束が変動する環境にある導体に電位差(電圧)が生じる現象である。

Faraday の電磁誘導の法則は、次のように示される。

$$\mathcal{E} = -\frac{d\Phi_B}{dt}$$

ここで、$\mathcal{E}$はコイル導線内に沿って生じる起電力(V)、Φ_B はコイルをくぐる磁束(Ｗｂ)。

同じ領域にN回巻かれたコイルが置かれた場合、ファラデーの電磁誘導の法則は、

$$\mathcal{E} = -N\frac{d\Phi_B}{dt}$$

となる。Nは電線の巻数。

物理学では電位(電界)は＋極から－極へ向く方向を正、磁界はN極からＳ極へ向く方向を正、回転は時計回り、あるいは右ネジを進めるように廻す向きを正と約束している。

レンツの法則とは、19世紀のロシアの物理学者、ハインリヒ・レンツ(Lenz)によって発見された電磁誘導に関する法則である。

何らかの原因によって誘導電流が発生する場合、電流の流れる方向は誘導電流の原因を妨げる方向と一致するというもの。例えばコイルに軸方向から棒磁石を近づけるとコイルに電流が流れ磁場が生じるが、この磁場はレンツの法則が示すように、棒磁石の接近を妨げる向きとなる。

コイルに発生する誘導起電力を$\boldsymbol{E}$、コイルを境界とする面を貫く磁束をΦとすれば、

$$E = -\frac{d\Phi}{dt}$$

と表わされる。ファラデーの電磁誘導の法則と同じものだが、レンツは発生磁気の向きについて物性的な説明をしている。

マクスウェル方程式を用いた説明では、電場$\boldsymbol{E}$と磁束密度$\boldsymbol{B}$との間には、

$$\mathrm{rot}\boldsymbol{E} = -\frac{\partial \boldsymbol{B}}{\partial t}$$

という関係式が成り立つ。これはマクスウェルの方程式の中の1つであるが、この式のことをファラデーの電磁誘導の法則と呼ぶこともある。磁束密度Ｂが変化する場合を考える。

空間内にある面Ｓを考え、その外周をＣとする。上式の両辺をＳ上で面積分すると、左辺はストークスの定理を用いて、

$$\int_S \mathrm{rot}E \cdot dS = \int_C E \cdot dr = \mathcal{E}$$

となる。一方、右辺は、

$$\int_S \left(-\frac{\partial B}{\partial t}\right) \cdot dS = -\frac{d}{dt}\int_S B \cdot dS$$

$$= -\frac{d\Phi_B}{dt}$$

となる。以上より、先に述べた

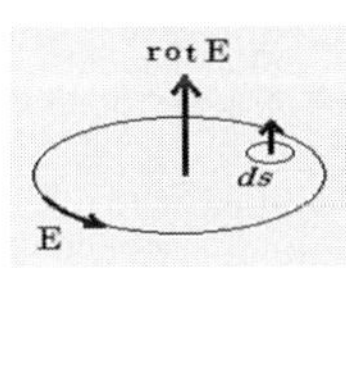

$$\mathcal{E} = -\frac{d\Phi_B}{dt}$$

が得られる。

ローレンツ力

磁束密度Bの中にある電子の、経路C上の点を位置ベクトル$\boldsymbol{r}$で表し、C上の各点が　速度v_rで動いているものとするとC上の電子が受けるローレンツ力は、

$$\boldsymbol{F}(\boldsymbol{r}) = -ev_r \times (r)$$

となる。これは実験の観察から知られた素直な式だ。×はvと$\boldsymbol{B}$の互いに直角な成分同士の積を示す。

電流のつくる磁場の物理

電流のつくる磁界は、ビオ-サバール(Biot-Savart)の法則

$$\mathrm{dH} = \frac{1}{c}\ \frac{i\,\mathrm{ds}\ \sin\alpha}{\mathrm{r}^2}$$

で知られている。

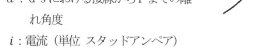

dH ：電流iが流れている微小な長さｄｓがPにつくる磁界

ｒ：ｄｓからＰまでの距離

α：ｄｓにおける接線からＰまでの離れ角度

i：電流（単位 スタッドアンペア）

ｃ：光速

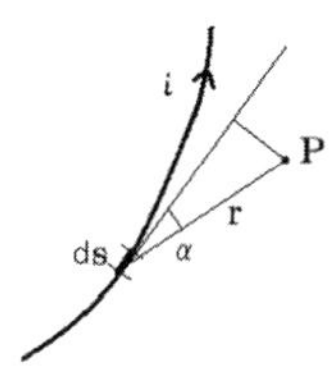

直線電流の場合

図で、$a = \mathrm{r}\sin\alpha$、$\mathrm{ds}\sin\alpha = \mathrm{r}\ \mathrm{d}\alpha$、それゆえ

$$\int \mathrm{dH} = \frac{1}{c}\int_0^{\pi}\ \sin\alpha\ \mathrm{d}\alpha = \frac{2\ \ \mathrm{i}}{\mathrm{c}\ \ a}$$

電磁単位で言えば

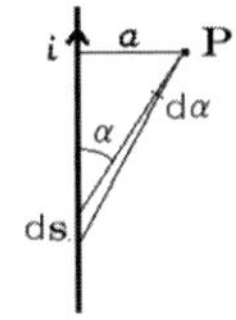

$$\mathrm{I}_{(アンペア)} = \frac{i}{\mathrm{c}}\ (スタッドアンペア)$$

の関係にある。したがって

$$\mathrm{H} = \frac{2\mathrm{I}}{a}$$

とも書ける。なお、$\sin\alpha$ の不定積分は$-\cos\alpha$

Ｐが電流の周りを一周するとき、つまり単位磁極を運ぶときの仕事は

$$\oint \mathrm{Hs} = \frac{2\mathrm{I}}{a}\ 2\pi a = 4\pi\mathrm{I}$$

つまりaによらない。道筋が電流を跨がないときは積分はゼロである。

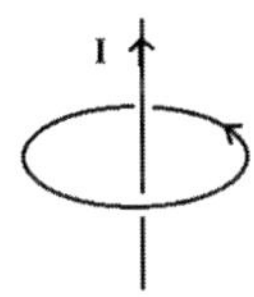

アンペールの法則

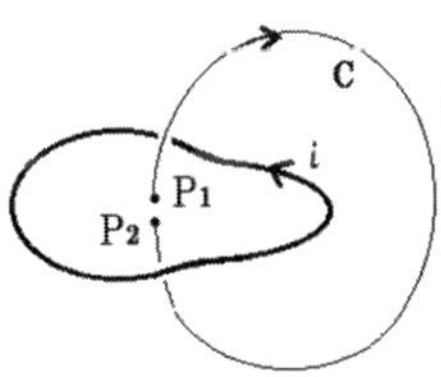

P→c→P に沿う積分は4πM

M＝I とおけば、コイル内部の磁界(H＝4π I)と外部の磁界はまったく一致する。これを Ampere の法則という

第4章　現代物理学

光速問題

光の正体

光を発している例に火打石、電熱器、送信アンテナ、蛍光物質などがある。これらは重力場のほかに電場、磁場を持ちあるいは生じ、物質はそれ自体“質量”を有している。これらが持つ場を“物質場”と呼ぶことにすれば、これら物質場のあいだに相互作用が生れ、その相互作用はある変化に応じた反応として現われる。変化と反応にはある短い時間が必要であって、“速さ”を持つようになる。そのようにして生じた電場と磁場の相互作用の伝達が電磁波として及んでゆくもので、光もまた同じである。

電場と磁場は電荷や磁荷に働いてその質量に応じた運動加速度を生じさせる。それは重力場と同じ性質である。それやこれやを考慮すると、光（電磁波）は物質場の揺れとして伝わり、すなわち、光を伝えるものは重力場ではないかと察せられる。これを証拠づけたのがマイケルソンらによるＭＧＰ（マイケルソン−ゲイル−ピアソン）実験である。

光を伝えるエーテルの存在はこれまで未知である。それが未解であるため、諸理論に様々な思惑や矛盾が生じ混迷している。ぼくたちの思索は光が走る背景は重力場であるという考えに至ろうとしている。それが正しければ種々の矛盾が解消する。すなわち光の座標は物質場（重力場）にある。電場および磁場は電磁誘導現象のみならず、電荷や磁荷に働いて力を及ぼす。それは物質の質量に加速度を生じさせ、観察によれば重力場の有する性質と同等である。

どうやら電磁場と重力場はとにかく不可分の関係がありそうだ。すると光速の背景が重力場にあると認めるに相当の理があるとされてもよいであろう。この正否について、いかなる手段であれ、実証が求められる。

重力場と電磁場の、他に及ぼす加速度のメカニズムは違うかもしれないが、この関係について研究してみるのは意義深いであろう。あるいは考慮を先へ進めることのできる現象を捉えたいものである。究極には「存在」の根源を見出すわずかな糸口が見つかるかもしれない。力学的作用の根源を知りたいものである。

光速は果たして「不変」であるか

特殊相対性理論のもととなった「光速はそれぞれ別な等速運動をしている誰にも常に同じである」というのは、誰しも腑に落ちないものであろう。光速は誰にでも一定であるはずはない。観測者の運動につれ、相対的な速度を持つはずだ。そう考えるとき、人は誤謬を嗅ぎつける勘を働かそうとする。しかしそのためには、光が何に対して光速ｃをもつのかを明らかにしなければならない。

光学に関する多くの研究を行なったニュートンは《人並みはずれた、絶え間ない集中的な内省力》と《非凡の直観》を備えた人であった。Ｌ・ローゼンフェルト教授によれば、その彼は終生エーテル仮説から逃れることができず、『自然哲学の数学的諸原理』の中では、失望のうちに『光学の疑問集』で一連の痛ましい所信の放棄がみられる。自然と人類に関する神の計画を読みとろうとする試みにおいて、なお「未発見の真理の大海」の岸辺にある自己を知ったニュートンに、深い諦念をもって「われ仮説を得ず」とつぶやかせている。

光がどのような道を通るのかは、それほど謎だったのである。その謎、光速とは何に対する速さであろうか？　どうやってみても矛盾が起こってきてしまうこの謎に、ぼくらもまた挑み続け、そしてその難関をまさに越えようとしている。しかしこの問題はしばらく置いて、光が進むはずの空間についてすこし見ておこう。

時間空間論

重力場と空間

われわれはよく「何もない空間」という呼び方をする。ぼくらのずっと先代が、目に見えないものは「無」と考えたとしても無理はない。走れば感じたり、押される強い力を感じたり、肌を快くするうごめきを感じたりしていたが、それは空気という、微粒子の存在であることをやがて知ることになる。無と思っていたものが無ではなくなる。

重さや大きさを持つ「物質」について自然科学での研究が進み、質量保存の法則やエネルギー保存の法則、そしてそれらの結合や運動や変換に関する研究という、物理学もずい分発達したものである。

空間そのものの中には重さも容積も時間もない。われわれはそういった空間中に粒子などの「物質」がないことを「何もない空間」と認識しているのが通常であろう。本当に何もないなら寸法もありえず、容積も存在しない。したがって「速さ」も存在しない。数学や幾何学はそんな無の空間の中に仮構を空想し、それが実在しうるかのように考える。

しかしながら、注意深く現実の物理を考えるならば、光の速さはそれがあるからには、何もない空間に対する速さではないことにわれわれは気付くべきだった。なにかあるものに対する速さである。空間に満ちている、あるものに対する速さである。そのあるものとは、物質ではなかったのだ。ようやっとぼくらはそれが重力場であることに気付くのだが、それは米国のアルバート・マイケルソン博士が事実上すでに見出していたものである。光の速さの基準となるあるものとは、重力場のほかに磁場や静電場や、その他の未知の場が総合されたものであるということを暗に省略している。実のところ、重力場以外の場はすぐ中和したり減衰したりして、重力場ほど大きな広がりをつくっていないゆえに、重力場をして代表させている。

ところで、重要な発見であるにもかかわらず、そのことを発表する機会はなかなか得られない。1000年必要なくらいに気長に待たざるを得ないだろう。

場の力について考えてみよう。重力場については全てが引力で、その引力源は質量であることが知られている。そこで2つの質量物――あえて「質点」とは呼ばない――があればこのように働いているのだろうかと描いてみると1図のようになる。

二つの小さな丸が2個の質量塊（g_1，　g_2）。それを取り囲む数個の等高線から、もっと大きく2個を囲むように大きな等高線がさらに広がっている、それらと直交する放射状のラインに沿って、重力場はしだいに衰えてゆくのだろう。

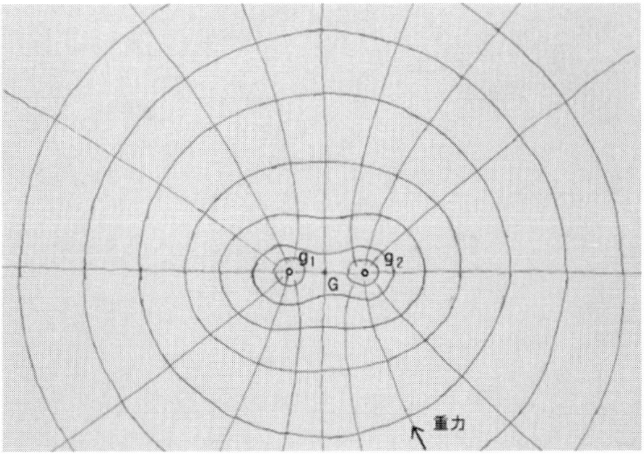

図1

磁力の場合はどうか？ 磁力は＋と－が必ず対になって存在し、その作用の向きは通常磁力線で表わされ、＋から－へ曲線的に向かっている。重力場が全方向へ等方的に放射的な場をなすのに対して磁場のほうはかなり歪んだ曲線をなす。ごく巨視的に見ても(遠くから見ても)放射状を成さない。図にしてみるとなんとなく2図のようになるのだろう。

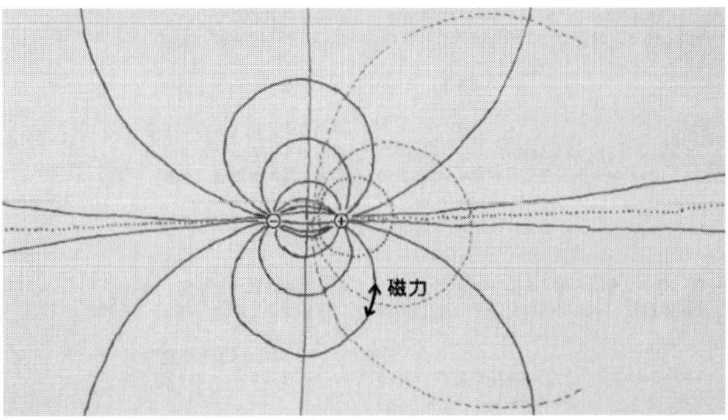

図2

静電場については2図に準じてよかろうと思われる。これらをみんな一挙にはできそうにないから、重力場のことから考えてみることにしよう。その三点問題に関しては3図のようになるだろうか。三点問題でも質量の各々は万有引力の法則に従っていて、どれも質量方向へ引力――じつは“引力”と言っては語弊があって、“マイナスの加速度”と呼ぶべきが正しいのだけれども――を持つ。

こういう作業は手描きでやるよりもコンピュータに任せるほうがより早く正確に美しく描けるだろう。けれども、コンピュータ・シミュレーションは結果だけを素早く提供するから、人には重力場の構造がどういう経過をたどってそうなったのか、その法則もまた知らず、曖昧なままになりやすい。いま行っている手工業的な、こういう学問分野は大学にはないようだ。したがって、やるとすれば学校物理だろうが、文部科学省の教育指針にそういうカリキュラムはないから、学校の各先生の独自な授業に任せるしかないだろう。しかし、学校の各先生は勝手な内容を教えるわけにはゆかず、そうなると、重力がどうなるかを考える科学者はまるで存在しないことになる。

それはそうと、先へ進めよう。質量に伴う重力場を視覚的なイメージで考えると、次のようであろうか。水平に張ってあるテント幕があると想像して、そこに質量の塊があるとする。その位置で上から丸棒の先で押す。すると内側ほど窪んで渦のような凹みができる。質量が3点あるとすれば、3本の棒でその3箇所を押すことになる。仮にそこへパチンコ球を投げ出すと、くるくる回ってそのいずれかの窪みに落ち込むはずだ。幕を下から見ると、3箇所が鋭く尖っている。それを3図のようにイメージする。

等高線はつまり3図のようになるだろう。窪みを山と見立てなおした場合の地形では、玉は転がり下る“斥力”に置き換えられる。実際にはこの斥力(紙面に平行な力)が3質量の平面上で持つ斥力であり、互いに引き合う場合には“引力(質量が持つ重力)”である。山岳のような地形模型には、各質点の周りに同心円状の等高線があって、近くに別の山頂があればそれも取り巻くような等高線となって合体し、その2山からさらに離れた第三の山頂も、どのみちそれごと合体し3山を取り巻く等高線の同心円となって空間へ広がってゆくだろう。再び山を凹みに戻してみよう。すると斥力は重力に置き換わり、重力(紙面に平行)は等高線と直角な向き、つまり、地形の傾斜方向へ放射状を成して、ついには等方的に広がっているはずだ。2つの谷、いや2質量のつくる重力の中心、つまり2質量の重心はどこにあるだろうか？ 図のQあたりがそれだろう。ここでは馬の鞍状に、局部的には水平になっている。つまり、どの方向へも勾配がなく、ここでは重力さえ働いていない。そういう場所が本例の場合少なくとも2ヶ所ある。

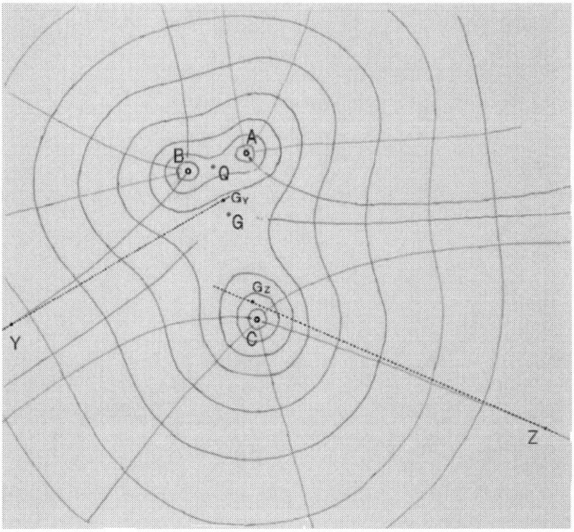

図３

これらの図は平面上に描かれているが、実際の空間ではこれに垂直なｚ軸を加え、ｘ、ｙ、ｚの三次元方向で考慮される。その際、円や曲線は球面や局面に読み替えられよう。

各質点はもちろん、ニュートンの万有引力の法則のとおりに、質量の存在する近傍では同心円状（三次元空間では球面状）に等しい重力加速度の並び（等高線）があり、等方性に近い放射状の力線として重力場を持つだろう。3質量のそれぞれがそうである。それら同士が比較的接近して存在するとき、同心円状である各質量の重力場のベクトル和は、結果的にこのモデルでの幕のような歪んだ重力場となって形成されるだろう。その和はただ一つの場として存在するから、3つの谷の中間部では引力の中心がどこにあるのか、必ずしもはっきりしない。1つの谷へ近づく場合にだけ、その谷の底（質量の中心付近）に引力加速度の中心があることが明らかとなるだろう。すなわち、3質量はそれぞれ引力の中心をもつが、3つが組になった質量群は、群としての重力中心Gを持つようになる。周辺ではたしかにその中心への万有引力加速度を持つのだが、重力の中心までくると、その方向もぼやけ、重力そのものも消滅してみえるのだ。

さてわれわれが学校でテコの原理や天秤の釣り合い条件を学んだとき、その作用点は作用している物体たちの重心がそれであるとするのが正しいと考えたものだった。しかし、以前潮汐現象を解析しようとして、万有引力の中心は物体たちの重心の位置では必ずしもないことに気付いた。

それでまた、2質点間の重力場の中心が2点間の中点にあるのかどうかを考えてみることにしよう。

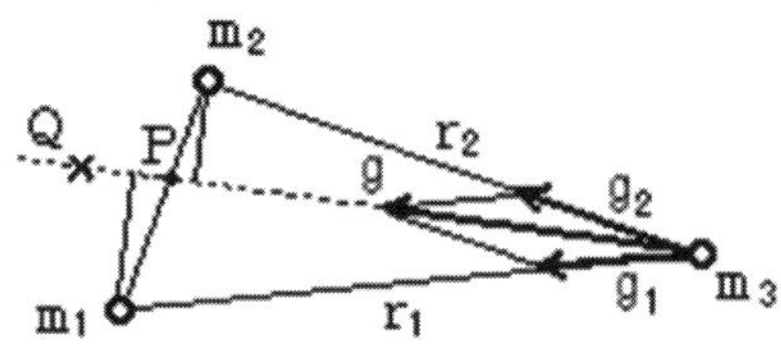

図４

図は宇宙空間に質量m_1、m_2、m_3があるとして、たとえばm_3にとって質量m_1、m_2の重心はどこにあるかという問題になる。

質量m_1、m_2はm_3からそれぞれr_1、r_2の距離にあるとする。このときm_3におよぼすm_1、m_2からの万有引力加速度をそれぞれg_1、g_2としておく。するとg_1、g_2は

$$g_1 = \frac{Gm_1}{{r_1}^2}$$

$$g_2 = \frac{Gm_2}{{r_2}^2}$$

m_1、m_2の仮想重心はベクトルg_1とg_2の和であって、それをgとしておくと、gの延長上にあるはずである。 それがちょうど線分$\underline{m_1 m_2}$の上にあるのかどうかは、今のところ分からない。それで、わざと線分$\underline{m_1 m_2}$上にないQ点であるとしておこう。 そこに質量m_1、m_2の合計として置換えた仮想質量mがある。そこからm_3までの距離がrであるとしよう。するとrは

$$g = \frac{Gm}{r^2}$$

で与えられるはずだ。gは、ベクトルg_1、g_2から平行四辺形作図法により、図のようにgと与えられる。

gが線分$\underline{m_1m_2}$と交わる点をPとしておくと、Pはm_1とm_2が等しい場合でも線分$\underline{m_1m_2}$の中点であるとは限らないことがわかる。m_1、m_2から線分$\underline{Q\,m_3}$へおろした垂線とPらがつくる三角形は相似形である。そこで線分$\underline{m_2}\,\underline{P}$と$\underline{m_1}\,\underline{P}$の比がいくらになるか考えてみよう。その比はさっきの垂線の長さの比に等しく、したがって

$r_2 \sin\phi : r_1 \sin\theta$（ここで$\phi$はgと$g_2$のなす角、$\theta$はgと$g_1$のなす角とする）

一方、ベクトル加法図 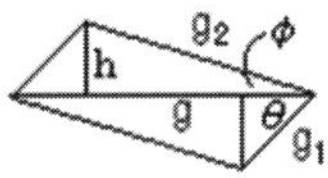

から、

$\sin\theta = h / g_1$、$\sin\phi = h / g_2$

それゆえ線分比$\underline{m_2}\,\underline{P}/\underline{m_1}\,\underline{P}$＝Kは

$$K = r_2 \sin\phi : r_1 \sin\phi$$
$$= [r_2 h / g_2]/[r_1 h / g_1] = [r_2/r_1]\cdot[g_1/g_2]$$

いま簡便のためr_2はr_1のk倍であるとして$r_2 = kr_1$とおくと、

$g_2 (= Gm_2/{r_2}^2)$はつまり

$$g_2 = [Gm_2]/k^2{r_1}^2 = \frac{g_1 {r_1}^2}{m_1} m_2/k^2{r_1}^2 = [m_2/m_1]\cdot[1/k^2]\,g_1$$

と変形できて、するとさっきのKは

$$K = [r_2/r_1]\cdot[g_1/g_2] = (m_1/m_2)k^3$$

となる。もし、$m_1 = m_2$なら

$$K = k^3$$

これからわかるのは　質量m_1、m_2の仮想重心への方向はm_3からm_1、m_2までの距離の比kの3乗に比例してm_2の側へ傾く。言い換えれば、近い側へ寄る。もしどちらもm_3から等しい距離（k＝1）にある場合に限れば

K＝1となってPは両者の中点ということになる。

またもし、m_1 と m_2 が等しくなく、$m_2 = nm_1$ だったとする。この場合

$$K = (m_1/m_2)k^3 = (m_1/nm_1)k^3 = k^3/n$$

m_3 からの距離が等しい場合は k＝1となって

$$K = 1/n$$

このとき、重心が分ける両質量間の線分比は質量比に反比例する。シーソーで遊ぶ児童の二人はそれぞれ地球からの引力を受け、地球の中心からの距離は二人とも等しいとみてよいだろう。するとこの式が適用されて、大きな子が支点に近い箇所に乗った場合にシーソーは釣り合うというわけだ。つまりどちらも同じ重力加速度を受けている場合に限り、2物体の重心は両者間を質量の逆比に等しくわける位置にあるとわかった。これがテコの原理で習ったときの重心である。

さらに注目すべきことは、m_1 と m_2 の和としての重力場の中心　すなわち**重心は、m_1、m_2 以外の空間の位置ごとつまり m_3 がどこにあるかで、異なる**ことである。m_1、m_2　の存在する**空間のある1点にそれらの中心が変わらずにあるというわけではない。**学校物理では決して教わらなかったことだ。m_1、m_2 以外の**あらゆる空間にとって、**2物体が及ぼしている空間のあらゆる場所に応じて、**2物体の重心の位置そのものが変化する**のだ。われわれが想像だにしなかったことである。厳密な空間論に従えばそのようになる。

図3の例では、端っこにある点Zから見るA＋B＋Cの重心は、Gではなく放射ライン（Zにおける放射ラインの接線）方向G_Z の位置と見えるはずである。　ZがA, B, Cから無限に離れた位置にあるとき、Gが3点の重心と見えるであろう。

質量の誕生と空間

質量保存の法則が正しいなら、自然は無でなければならない。自然が無であるなら空間は概念にすぎない。

なぜなら、最初に質量があったとすれば、その質量が初めて質量となった

とき、ゼロから突然に質量が生じたことになり、その瞬間質量保存の法則を破ることになるからである。だが現実には質量は厳存する。では質量保存の法則を破ることなく質量が存在するのはどんな場合であろうか。私は次のように考えている。

質量とは幻子*の性質が一定密度まで凝縮されたとき、質量としての性質を著しく表すようになる。これはわたしの勝手な提唱(仮説)であるが、幻子とは空間に生じた何かの‘性質’すなわち、原始性質空間である。

*この用語は現代の物理学界で公に容認されたものではない。
書籍『幻子論』2007年で初めて使用されている。

従って、幻子は元々空間に生じた1つの性質に過ぎない。この仮定が正しいかどうかを確認する証拠は今のところ見つかっていない。しかしわれわれが概念として持っている“質量”が重さ(動きにくさ)を持ち、大きさ(その性質が際立って排他的に占める空間のサイズ)があるように思われるものは空間がその部分に持つようになったその性質に過ぎない。

すなわち、幻子の凝集したものは外からの影響なしに動き出すことはない(慣性の法則)。幻子の持つ性質が周辺へ及ぼす影響深度は幻子の濃度(原始質量)に従い、顕著にその性質を現わす深度長を幻子のサイズとして人は認識していると理解するのである。したがって幻子は質量の前駆体であると解している。

時間も空間も思考上の概念だ

すると、無の空間からなぜ宇宙という自然界が存在するようになったのかが最大の謎である。しかしそれは厳然と存在する。そしてその無ではない宇宙において空間は存在する。これもまた概念としてよいのか。人の思考上はそうである。つまり物体と物体との関係性である。この“関係性”は人の概念としてのみでなく、現実に存在すると見ざるをえない。物体は物体同士の距離とその変化時間(変化速さ)と、物自体の持つ特有の性質がある。

人間は自然を観察する物理学において、物体(質量と性質)と位置関係(距離や座標)、変化早さ(時間)という観点から論述することにしている。物体は物体からなる。物体間には各物体の性質からくる互いの間の関係性が成立している。互いに及ぼしあう影響力の性質は各物質により異なる。その影響力が及ぶ距離は物質により異なるであろう。その距離をその物質の空間と考えることにすれば、空間は各物質により異なることになる。

人はしかし、物理学的観察においてそれを比較するために、ただ1つの共通な空間——座標——を決め、そこで記述することにしている。一様な、変動しない1つの空間を座標として、あらゆる物体あらゆる関係性（現象）を記述する約束にして、物理学として進めることができる。自然現象の実験結果を1つのキャンバスに描写することにし、しかるに、一様で変動しない空間を座標として考察する約束にしている。この物理学上の約束を違える、想像上の空間（非物理な空間）を用いて仮想する理論をも、物理学と呼んでよいものだろうか。

自然が無であるなら時間も空間も思考上の概念にすぎない。時間空間の概念は生命ある人間の脳に生じたもので、それは生命活動中の体験から帰納したものである。自然界における物体と物体との関係性を空間と見、その関係性における動き（運動）やそのものの変化を人が観察するとき、その変化早さの基準となるものが“時間”という概念になる。

つまり時間は物質や事象の変化の早さを測るために、等間隔で経過すると仮定される計測基準であって。概念的に設定されるものである。

それ故、物事の変化速度は常に不変な等間隔によって同じ間隔の間に起こる変化の早さとして記録される。もし、常に変わらぬ変化速度をもつものを自然界に発見したとき、その単位変化を単位時間として他を計測することが可能となる。地上にあって紐で結ばれた1メートルの長さを持つ振り子が1回振れる時間を1秒と決められたのはその1例といえよう。それも地球表面での重力場というただ1つの自然環境下においてのみ経過する時間であって永久不変が保障されるものではない。

物理学で扱う自然観察において、対象とする事象の変化速度は、この不変な等間隔（単位時間）を基準として観測し叙述するとき、その計測値の普遍性が与えられると人間社会では考えられている。

こうしてみよう、空間とは物体または対象物の仮想位置の相互間の距離と方向を定めるために均質均等に仮定される概念である。

その空間をわれわれは紙面や立体構成物（幾何空間）へ写し込んで考察する。均等な空間でなければ物理現象を普遍的に正しく記録することはできない。布団に残る2つの染みの間隔は、布団をぴんと伸ばした時としわの時とは違い、どちらにしても正しい距離は変化しない直線の定規によって確認されるはずである。不均等な空間や曲がった定規、場所や状況によって刻む間隔が変わる時計を用いて正確な物理を記述することができるはずはない。

相対性理論の綻び

相対論はいかにして定着したのだろうか。近代に入ってからも解決できない問題があった。それは光の速さは一定不変であるという光速の謎である。

前述のように、幾人かの研究者たちから相対論のなかに存在する多くの矛盾点が指摘されている。しかし、遺憾なことながら、それならば正しくはどう考えるべきかの明確な根拠をつかめないでいた。そのうえ、これらに対する相対論者たちからの反論は、彼らが固執する前提――彼らの土俵――へ論敵を連れ込んで、彼らのルール（観念）のみによってなされる。そのことを科学界はただ黙認しているだけだった。光波を伝えるエーテルは“存在しない”とされ、これを覆すことのできる科学者は現れなかった。彼らの土俵のなかで、彼らが講じる決まり手（観念）によってのみ議論するので、広く真理を希求する科学分野では、必ずしも「なるほど」と認められてはいない。もちろん、技術界からも、まともに信用されていない。

だがようやく物理学は解放されるかもしれない。現代に入って光のエーテルが見つかったからである。相対論が原点としている“光速不変”は正しい理解ではないことがマイケルソンらによる第二の実験から明らかになった。この実験が、彼の第一の実験でなぜ光速値に地球の公転速度による異変を観測しなかったのか、を明らかにしてくれる。

前に述べたように、相対論は多くの疑問点を含んでいたが、明確な反証がなされないあいだに定着してしまった。相対論を根拠として進められた学説に、例えば宇宙のビッグバン誕生説や素粒子に関する標準理論などがある。これらのみならず、今後の物理学が正しく進められるか否かの重要なカギを相対論の当否が握っていると言っても過言ではない。

　ではマイケルソンらによる第二の実験とはどのようなものだろうか。一般にはあまりよく知らされていない。しかるべき筋から抑えられているためであろう。

MGP（マイケルソン＝ゲイル＝ピアソン）実験

第二の実験は1925年、マイケルソンとその協力者（ヘンリー・G・ゲイル、フレッド・ピアソンほか）らによって行われた。エーテルの存在を示そうとした実験だが、マイケルソンは表向き、地球の自転を証明しただけの実験だと説明している。

装置と実験

実験施設[2]はイリノイ州のプレーリーに設置され、内部の空気が抜かれた直径12インチのパイプが、地表で水平に縦横300m×600m の環状に組まれている。図の ω は地球自転による実験地での自転角速度[3]である。環の1つの隅角から入射した光を、45度傾斜したスプリッター（ハーフミラー）を通過するものと、反射して90度向きを変えたものとに分けることで、互いに逆向きの光として周回させ、1800m を一周して再び同じスプリッターで再会させるまでの光路差を、干渉縞によって観測した。

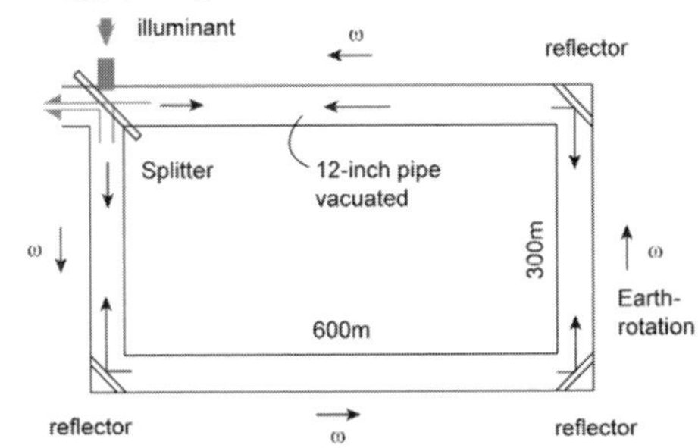

その結果、地球の重力場に対する施設の自転のため、0.25λ（波長 λ の25%）の光路差が干渉縞のずれとして検出された。 相対論的には、この差は慣性座標に対する地球の自転による時間の遅れが生じたためと説明された。

不可解すぎる相対論的な考えではなく、第3章で見たマイケルソン・モーレイの実験と、このMGP実験とをペアと見ることによって、次のように理解するのが適切だろう。

今日における光と電磁波

今日では、電磁波や光は電場と磁場との相互作用[4]の伝達であることが知られ、したがって、電場・磁場・重力場が電磁波や光のエーテルであると見るのが道理になる。これが光速の第一法則として規定され、必然的に、光の伝達速さは場の相互反応速さから、その“場”に対する速さとして、常にc[5]を持つことになる。

電場や磁場が光波をつくっている事実と、前述のマイケルソンらによる実験事実は、自ずと光についての以下の法則性へ結びつく。まず、光は電場・磁場・重力場(代表的には重力場[6])を背景とし、この背景に対し常にｃで伝わる。光の屈折の法則を考慮すれば、ｃの値は重力場の強度によって不変ではない。

ある空間の１点について考えよう。そこから r_i の距離にある質量 m_i からその空間に及んでいる重力場の強さは万有引力の法則からその質量に比例し、離れの2乗に逆比例する[7]。

質量 m に i という名をつけてそれぞれ m_1、m_2、m_3, …を m_i と表記することにすれば、場の強さは表中①式で表されよう。

光は電場・磁場・重力場(代表的には重力場)を背景とし、この背景に対し常にｃで伝わる。

ある空間から r_i の距離にある質量 m_i がその空間につくっている光速の背景(重力場)の強度は、万有引力の法則から

$$\frac{Gm_i}{r_i^2} \quad \cdots ① \quad (G：万有引力定数)$$

すべての質量によってその空間につくられている重力場の総和は

$$G\Sigma\frac{m_i}{r_i^2} \qquad \cdots\cdots ②$$

それ故、１つの質量 m_i がつくる場の、全体に対する役割は

$$\frac{Gm_i}{r_i^2}/G\Sigma\frac{m_i}{r_i^2} \qquad \cdots\cdots ③$$

すると、m_i の運動速度 v_i によってその空間に及ぼされている場の運動速度は全体の按分として次のように与えられよう。

$$v_i\frac{Gm_i}{r_i^2}/G\Sigma\frac{m_i}{r_i^2} \qquad \cdots\cdots ④$$

そして、すべての質量からその空間に及んでいる背景運動速度としてはそれらのベクトル和

$$\Sigma v_i\frac{Gm_i}{r_i^2}/G\Sigma\frac{m_i}{r_i^2} \qquad \cdots\cdots ⑤$$

となって定まることになる。Gが宇宙のあらゆる場所で真に一定だとすれば

$$V = \Sigma v_i\frac{m_i}{r_i^2}/\Sigma\frac{m_i}{r_i^2} \qquad \cdots\cdots ⑥$$

これと等しい速度を持つ座標系が光についての静止座標ということになる。

表

$m_1+m_2+m_3+\cdots+m_n=\Sigma m_i$という数学記号を用いれば、すべての質量がその空間につくる重力場の総和は②式となる。これに対する m_i のつくる割合は①をこれで除して③式となる。

すると m_i がもつ運動速度 v_i によってその空間に及ぶ場の運動速度は、v_i に割合③を乗じ④式として与えられる。各質量から及ぶ全ての場の運動速度は記号 Σ を用いて⑤と表わされ、分子分母の万有引力定数Gを約分すると⑥式となる。

これと等しい速度を持つ座標系が光の静止座標ということになろう。

マイケルソン=ゲイル=ピアソン実験風景
写真左からチャールズ・スタイン、トマス・オドンネル、フレッド・ピアソン、ヘンリー・ゲイル、J・H・バーディと従業員（*HISTORY OF PHYSICS*より）

研究室デスクに向かう Albert A.Michelson

脚注

1. 地球の公転速度は平均約29.8km/sec

2. 実験風景の写真を次の文献中に見ることができる
   Spencer R. Weart & Melba Phillips, editors; History of Physics, (American Institute of Physics, New York 1985)pp.40 西尾成子、今野宏之共訳;歴史をつくった科学者たちⅠ,(東京 丸善 1986)P.68

3. 地球の自転角速度をω_0とすれば、緯度 θ での実験地の自転角速度 ω は$\omega = \omega_0 \sin\theta$で与えられる。地球自転角速度$\omega_0$は、24時間で1回転の2πラジアンであることから$\omega = 7.27 \times 10^{-5}$ラジアン/秒である。

4. ファラデーの電磁誘導の法則および磁気誘導による相互作用がある。電流が流れるとき、すなわち電場が動くとき、電流の流れる向きへネジを進めるようなＮ極の向きの磁場が、電流を取り巻くように生じる。この性質がファラデーの電磁誘導の法則をつくる。その結果、コイルに電流を(右回りに)流すと、それによってネジの進む向きに、コイルをくぐるような磁界が生じる。 逆に、コイルへ向かって外から磁場を強めてゆくと、それを打ち消すような向きの磁場をつくろうとするようにコイルに電流が生じる。これが磁気誘導である。こうして互いに変換し合いながら空間を波及してゆくのが電磁波(光)である。

5. c：アメリカのマイケルソンによる精密な測定によって得られたｃ＝299792.458km/sec を光速の基準値とされている。

6. “場” のうち、電場と磁場はそれらがそれぞれ2つの極をもつ性質から、すこし離れても急減するが、重力場はほのかなものである代わりに遠くまで(無限遠にまで)及んでいる。それゆえ、マクロ(光源に比して遠方にある)には光波の伝達場は重力場であるとみてよいだろう。

7. 質量をもつ2つの物体の間には、互いに引きあう力が存在する。その力は両質量の積に比例し、両者間距離の2乗に反比例する。比例定数を万有引力定数と呼ばれる。
換言すれば、片方の質量ｍがうける引力は相手質量Ｍがつくる重力場と質量ｍとの積になる。相手の質量と万有引力常数との積を相手までの距離の2乗で除したものが重力場(重力加速度)として自分に及んでおり、この重力場と自分の質量に比例するように、相手への向きに引力が生じる。したがって、物質でないもの（質量＝０）には、重力場の中にあっても引力は生じない。

ＭＧＰ実験が示した真実

1887年のマイケルソン・モーレイ実験での思い違いとは、干渉計が太陽に対して地球と共に公転運動をしているから、計器は太陽に対する光の相対速度を測定していると考えたことだ。こうして計器が実際には地球の重力場に対する光速を測定しているのだということに気が付かなかった。

Ｓ君へ宛てた手紙の中でＡ君はＡ君がみる玉は地上に対して自分も同乗する列車並みの速さが観測されると思っているに過ぎなかったのと同じく、干渉計は地球上で地球の重力場に対する光の速度を観測しているため、あらゆる方向で同じ値しか示さなかったのを見て驚いたに過ぎない。車中（重力場）で玉（光）の速さを観測する限り、地面（太陽）に対する列車の速さ（光速）を計測するはずはなかったのだ。この思い違いを基に1905年、アインシュタインの特殊相対性理論が生まれ1916年の一般相対性理論へ発展する。

その思い違いから目を覚まさせてくれるのが、1925年に行なわれたこのＭＧＰ実験である。Ｌ字をした第一の実験が場の流れを捉えられなかったのに対し、ＭＧＰ実験の違いは、閉じた環状回路であって重力場に対する地球自転分の回転運動を光路差として検出したことにある。光の媒質とは、空気でも正体不明な風でも学者が抱くゆがんだ空間でもなく、“重力場”だったのだ。

光速はなぜ不変なのか

マイケルソンの思い違い

運動している者たちにとって、音速はそれぞれ違って到達するのに、光速はどんな運動者にも不変なｃ≒30万 km/sec であるとされている。光速はなぜ不変なのか？

光速は実は不変ではない。光速不変は全ての人に刻まれた固定観念に過ぎない。それは最初のちょっとした勘違いから起こった。もう少し多方面に亘って探究されていれば、こんな間違いは起こらなかったかもしれない。

光速が不変であると勘違いしたのは、すでにご存知の、マイケルソン-モーレィが見せた最初の実験に関してであった。マイケルソン干渉計は精密で優れたものだ。彼が期待していた値に反して、まさしく正しい結果を示していた観測値であるのに、当時不覚にも勘違いして驚いたのはマイケルソン自身だった。

ちょっとした勘違いとは、マイケルソンは地球が光の場(エーテルと呼ばれていた)に対して、少なくとも太陽を中心とした公転運動をしており、およそ毎秒30㎞の速さで動いているから、公転方向に向かう光はエーテルの向かい風のため毎秒30㎞ばかり遅いであろうと考えたことである。

予想に反して、(ぼくたちからすれば)当然なことながら、計器を向けた方向如何によらず、光速にほとんど違いを見せなかった。そしてその結果をそのまま世間に発表したにちがいない。

諸兄はもうお気づきの通り、ここでの勘違いとは、計器が公転運動をしているどころか、光の場(実は地球の重力場)に対してまったく静止していたことに気づかなかったことだ。思い込みとは解釈法の都合のいい一つに過ぎない。

その結果を伝え聞いた科学者たちも驚いた。この騒ぎこそが、早耳早口で鳴らしたアインシュタインの出番をもたらした。それは「光速不変の原理」の提唱であった。なぜ光速に変化が見られないのだろう、という物理的疑問の代りに、“光速は不変である”と単純に受け容れ、このために生じる矛盾に対して理屈をつけることに精出したのだった。言うまでもなくアインシュタインの特殊相対性理論のことである。その後、多くの研究者たちが、それぞれのアイデアを付け足している。憶測の積み上げは分厚い何冊もの本になるくらいである。

さて、今のわれわれの考えはこうなるだろう。音が空気分子たちの振動であったように、光は電磁場の振動である。電磁場の振動である電磁波は電場と磁場の相互作用である。つまりは、光の座標は地球や列車や飛行機などの中のどれか一つではなく、**磁場・電場・重力場などのどれかである、**ということにならないだろか。これこそが自然の性質が起こしている自然法則に違いない。“場”こそが“空間”である。

これが正しいなら初めて、光の座標が絶対的に決まる。あとはこの光に対してあらゆる物体がそれぞれどんな速度を持っているかというだけの話になる。列車が動いているのか、地面が動いているのかは、相対論の曖昧でなく、明確に規定できることになる。

われわれは相対論が解き得なかった光の謎を解いただけでなく、物質たちの絶対静止座標をさえ、突き止めそうな状況にある。われわれを疑惑解明に駆り立ててくれたアインシュタイン博士に感謝すべきだろう。

光は電場や磁場の中で（音なら空気中で）それらを相互変換（空気分子たちの衝突）しながら走る。電場も磁場も重力場も、性質のよく似た“場”（わたしはこれらを“物質場”と称している）である。物理学者が勝手に定義してよいことではなかったのだ。

光は結局、重力場の中を光速ｃで走り、マイケルソン干渉計をそのとき蔽っていた光のエーテルとは重力場であって、そのほとんどはその計器が据えられていた地球からのものだったのだ。すなわち光の媒質は重力場という物質場であって、マイケルソンらの実験結果は当然だったのだ。エーテルなる重力場はそのとき、ぴたりと地球に静止していたわけだから。

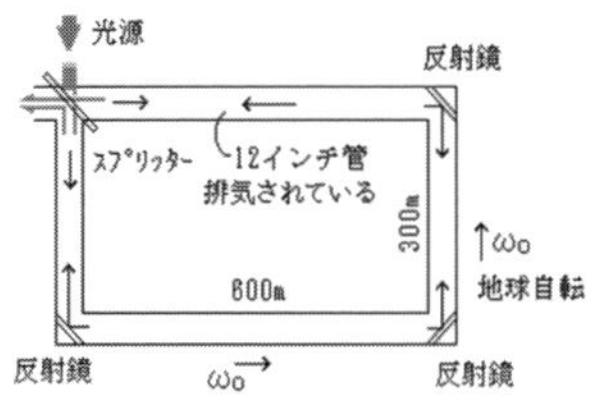

図１

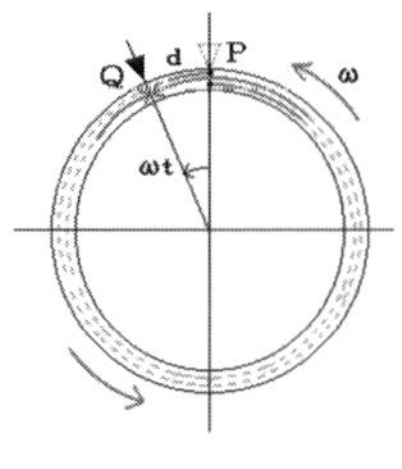

図２

ＭＧＰ実験の詳細

ＭＧＰ実験は、1887年のよく知られたマイケルソン・モーレイの実験とは別に、1925年、エーテルの存在を確かめようとしたマイケルソン＝ゲイル＝ピアソンらによって米国イリノイ州で実際に行われ、光の相対速度の存在を決定的にした実験である。マイケルソンはこののちにも生涯を通じてエーテルの存在を確信していた。

図2は空気の抜かれたチューブを半径Ｒの円環状に組んで水平にしっかり地面に固定してあることを示したものだとしよう。実際には図1のような長方形をしているが、理解の容易のために、円環として考察する。

そうすると、この円環は地球自転と共に回転しているから、多くはこの施設も1日当り360度回転すると思われるかもしれない。実際には必ずしもそうではない。実際には緯度 θ における地面の回転角速度 ω は地球の自転角速度に $\sin\theta$ を乗じた角速度

$$\omega = \omega_0 \sin\theta$$

として持つ[1]。

この実験装置が、エーテルに対して自転しているなら、互いに逆回りさせた光の到着に差がつくことになり、その距離の差は波の重なりでできる干渉縞のずれとなって現れるはずだった。

光の出発した瞬間にスプリッターのあった地点Ｐから互いに反対向きに進んだ光が一周して再会したのがＱの位置だとしよう。その間にｔ秒が経過したとする。スプリッターはＰからＱへ ωt の角度だけ回転している。

ＰＱ間距離は、半径Ｒに回転したラジアン角度 ωt を乗じてＲ ωt である。図によればＰから左回転する光はスプリッターが左へ ωt だけ回転して逃げているためそれだけ余計に走り、右回転する光は同じだけ手前まで走ればよいことになる。

つまり左回転の光の相対速度 c_1 は

$$c_1 = (2\pi R + R\omega t)/t \qquad \cdots\cdots\cdots\cdots\cdots ①$$

右回転は

$$c_2 = (2\pi R - R\omega t)/t \qquad \cdots\cdots\cdots\cdots\cdots ②$$

であろう。すると両光の速度差⊿cは

$$⊿c = c_1 - c_2 = (2\pi R + R\omega t - 2\pi R + R\omega t)/t$$
$$= 2R\omega \qquad \cdots\cdots\cdots\cdots\cdots\cdots ③$$

となって互いに2Ｒ ω の速度差(相対速度)を生じることがわかる。地球の自転角速度を ω_0 とすると、緯度 θ の実験地において③式は

$$⊿c = 2\,R\omega_0 = 2\,R\omega_0\ \sin\theta \qquad \cdots ④$$

となって、一周する両光の速度差は⊿cということになる。これに一周に要した時間ｔを乗ずれば両光の光路差がわかる[2]。

ＭＧＰ実験の長方形を、大まかながら、円環に換算すると、その周長$L=(600+300)\times 2\ \mathrm{m}=1.8\mathrm{km}$が円環周長＝２πＲであるとみなして$R\fallingdotseq 1.8/2\pi\ \mathrm{km}$と概算しよう。また光の一周時間ｔはｃ ｔ＝Ｌから、ｔ＝Ｌ／ｃ 秒と得て、光路差ｄは

$$d=t\triangle c=(L/c)\triangle c$$

⊿cは④式として得られているから、$d=(L/c)\times 2R\omega_0\ \sin\theta$となる。

地球の自転角速度ω_0は理科年表に$\omega_0=7.72\ \times 10^{-5}$ラジアン/秒と載っている。一周2πを1日の秒数で除して確かめることができる。また、いささかよい加減ながら、イリノイでの緯度 θ を45度くらいかと見当をつけてみると、$d\fallingdotseq(1.8\mathrm{km}/3\times 10^5\mathrm{km/sec})\times 2\times(1.8\mathrm{km}/2\pi)\times 7.27\times 10^{-5}\times(1/\sqrt{2})$

これを計算すると

$$d\fallingdotseq 1.768\times 10^{-10}\mathrm{km}=176.8\quad \mathrm{nm}（ナノメートル）$$

（1nmは10^{-9}m）

と得られる。これは光の標準波長605.8nm に対し0.29波長に相当する。ぼくたちは0.29波長のずれとして相対速度を観測すると予言することができる。これがこの実験による実測値と一致すれば、この理論――「光の相対速度は存在する」――は正しいとする確かな根拠となろう。

1925年のＭＧＰ実験によって得られた光路差は0.25波長の干渉縞のずれとして観測された。われわれの計算の大雑把さからすると、ほぼ一致したとして構わないだろう。当時の新聞社たちによって、これも相対論を証明するものだと、歪曲して報道された。以後、この実験事実はそっと伏せられている。

脚注

1．観測地の自転角速度

図3は直線ＯＮＱを軸として角速度ω_0で自転する地球であるとする。緯度

θ にある観測点P_1が地球自転のために1秒後にはP_2を通りかかったものとしよう。

弧m, nはそれぞれP_1, P_2を通る経線を示す。図4はその断面図である。

図から見るとおり、Pの回転半径はｒである。すると、弧がmからｎまで移動するまでにPの動いた距離、弧P_1P_2つまり弧ｄは

$d = r\omega_0$　　　……………①

点P_1において水平面での経線の延長はいずれ地軸と交わる。その交点をQとすると、P_2での経線延長もまたQを通ることになる。P_1の経線延長とP_2の経線延長とはQ点で交わり、その角度だけその間に傾斜してきたわけである。その間のＰ地点での回転角度がその角度にほかならない。

その角度をϕラジアンとすると、弧ｄはその角度にＬを乗じたものとして得られよう。すなわち

$d = L\phi$ あるいは$\phi = d/L$　　……②

の関係にある。Ｌとｒは図から$L\sin\theta = r$であって

$L = r/\sin\theta$　　　……………③

すると1秒間当りのϕは②, ①および③から

$\phi = d/L = r\omega_0/(r/\sin\theta)$

$= \omega_0 \sin\theta$　　　………………④

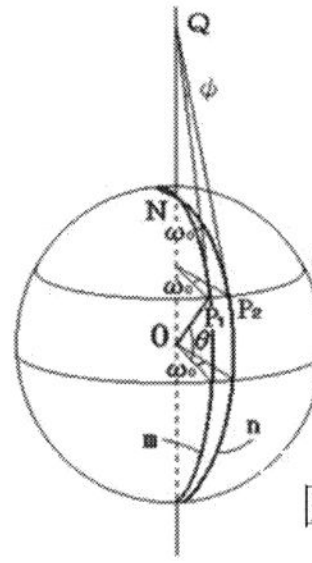

図３

すなわち、緯度θにおける地面の回転角速度ωは地球の自転角速度に$\sin\theta$ を乗じた角速度

$\omega = \omega_0 \sin\theta$

として持つことがわかる。赤道上では$\theta = 0$であり、地面の回転はゼロだが、極地Ｎでは $\theta = \pi/2$ となって、極地地面は地球の自転と同じω_0の角速度で回転していることがわかる。

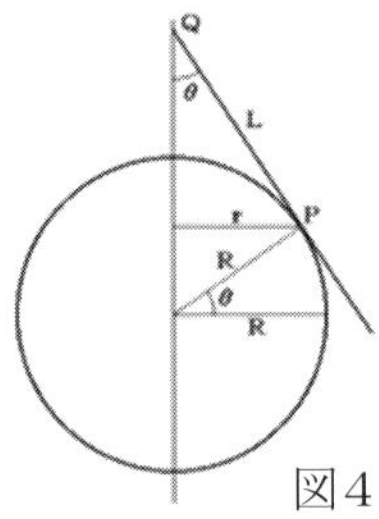

図４

なお、物理学では角速度ベクトルを回転軸と平行な、つまり回転面と垂直な矢の向きと長さ(回転速さ)で表すことになっている。このベクトル表示

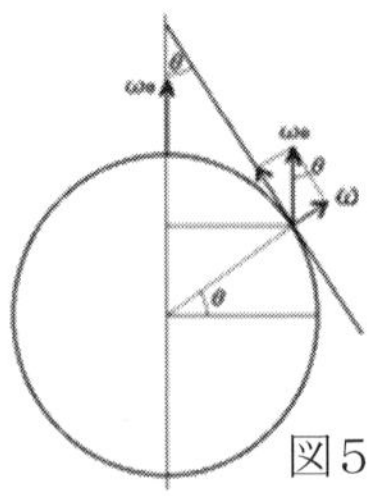

図５

による合成・分解の結果はもちろんベクトル計算法の結果に適合することがわかっている。

その算法によっても、緯度θにおける地面に平行な自転角速度ωは図5から

$$\omega = \omega_0 \sin\theta$$

であることが判る。

2. MGP実験の詳細

図6は実験装置を模式的に示したものである。実験地での地球自転による地面の回転角速度は ω だとしよう。

この実験装置が、エーテルに対して自転しているなら、互いに逆回りさせた光の到着に差がつくことになり、その距離の差は波の重なりでできる干渉縞のずれとなって現れるはずだ。

光の出発した瞬間にスプリッターのあった地点Ｐから互いに反対向きに進んだ光が一周して再会したのがQの位置だとする。その間にｔ秒が経過したとすると、スプリッターはＰからQへ ωt の角度だけ回転している。

ＰQ間距離は、半径Ｒに回転したラジアン角度 ωt を乗じて $R\omega t$ である。図によればＰから左回転する光はスプリッターが左へ ωt だけ回転して逃げているためそれだけ余計に走り、右回転する光は同じだけ手前まで走ればよいことになる。

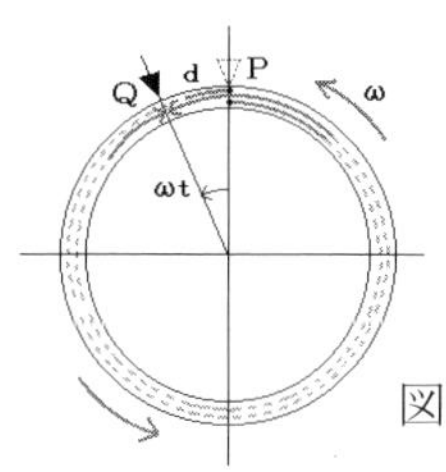

図６

つまり左回転の光の相対速度c_1は $c_1 = (2\pi R + R\omega t)/t$ ………①

右回転は　$c_2 = (2\pi R - R\omega t)/t$ ………………………………②

すると両光の速度差は

$$\triangle c = c_1 - c_2$$
$$= (2\pi R + R\omega t - 2\pi R + R\omega t)/t = 2R\omega \quad \cdots\cdots\cdots③$$

となって互いに$2R\omega$ の速度差(相対速度)を生じることがわかる。地球の自転角速度を ω_0とすると、緯度 θ の実験地で③式は

$$\triangle c = 2R\omega = 2R\omega_0 \sin\theta \quad \cdots\cdots④$$

一周する両光の速度差はこのΔcということになる。これに一周に要した時間ｔを乗じると両光の光路差がわかる。

ＭＧＰ実験の長方形を円環に換算するために、その周長$L = (600 + 300) \times 2\ \mathrm{m} = 1.8\mathrm{km}$が円環周長＝２πＲになるとみなせば、環のおよその半径ＲはR ≒ 1.8/2πkm と概算される。また光の一周時間ｔはｃｔ＝Ｌから、ｔ＝Ｌ／ｃ 秒

光路差ｄは $d = t\Delta c = (L/c)\Delta c$

これは④式により $d = (L/c) \times 2R\omega_0 \sin\theta$

地球の自転角速度ω_0 は$\omega_0 = 7.72 \times 10^{-5}$ラジアン/秒と知られている。実験地の緯度 θ を45度くらいだろうと見当をつけると、

$$d \fallingdotseq (1.8\mathrm{km}/3 \times 10^5\ \mathrm{km/sec}) \times 2 \times (1.8\mathrm{km}/2\pi) \times 7.27 \times 10^{-5} \times (1/\sqrt{2})$$

これを計算すると

$$d \fallingdotseq 1.768 \times 10^{-10}\mathrm{km} = 1.768 \times 10^{-9} \times 10^2\ \mathrm{m}$$

$= 176.8\ \mathrm{nm}$（ナノメートル）　　　（1㎚は10^{-9}ｍ）

と得られる。これは光の標準波長605. 8㎚に対し0. 29波長に相当する。

――光速の法則　その解説――

光に関するマイケルソンの第一実験と第二実験は、自ずと自然の持つ法則性を示してくれる。それを以下に整理しよう。

光速の法則

第一法則　光速の重力場法則

光は重力場を背景とし、この背景に対して常に光速ｃで伝わる。

ｃの値は重力場の強度によって不変ではない。

第二法則　重力場分配の法則

ある空間における光の背景速度はその重力場をつくる物体らの運動速度を、各物体から及んでいるニュートンの万有引力則における万有引力の比で按分されたベクトル和として与えられる。それはそれらの物体の最も速い速度を超えない。

第二法則による背景速度$\mathbf{V_{0c}}$の定量には次式で与えられる。(P. 106 ⑤式)

$$\mathbf{V_{0c}} = \Sigma \frac{\mathbf{Gm_i}v_\mathbf{i}}{\mathbf{r_i}^2} \Big/ \Sigma \frac{\mathbf{Gm_i}}{\mathbf{r_i}^2}$$

(m　;　物体(重力源)の質量　　r　;　その物体までの距離

ν；物体の運動速度)　　Gは万有引力常数

ここで光の「背景」とは、光がどの方向にも等しい速さｃで進む空間をいう。いわゆる「エーテル」と理解してもよいが、「背景」なる用語の採用によって、特殊相対性理論の説明で用いられる「エーテル」との混同を避けている。

算定式で万有引力常数Ｇが真に不変であるなら、式中約分によって消去され、無用のファクターになると思われるが、あえて式中に置くのは、Ｇが物体までの距離に応じて相異する可能性を完全には否定できないからである。

背景速度を求めてみる

光速が何に対してのものであるかを示す、その背景というべきものが“光の静止座標”である。その静止座標はどのように決まり、したがって、われわれはどのようにしてそれを求めたらよいだろうか。

もしわれわれが、ある速さで走る船上にいて、船上で玉をある速さで転がせば、その玉は岸に対しては川と船の速度に、われわれが船上で玉に与えた速度を、単に加えた速度として持つだろう。船は流れる水の上に乗る物であり、玉は動いている船の上に乗って転がるものだからである。

しかし、いくつかの動きを持った水の塊（流れ）が混じりあう場合の水の速さは、それらの運動速度の単純和というわけにはゆかない。それは船を浮かべている“媒質と媒質との混合”である。光を乗せる媒介者としての静止座標の決まり方は、川の合流をイメージすればおよそ間違いないだろう。

主流である大河へ支流が流れ込むとき、支流の流速が主流の2倍であっても、合流後の速さが合流前の主流速度の3倍になるとは限るまい。

水に対して速さυで走る船が流速Ｖの川を下るときの、船の岸に対する速さはたしかにＶ＋υである。しかし船を浮かべる水のほうは、流速Ｖの主流に流速υの支流が合流するとき、合流後には流速Ｖ＋υになるかといえば、そうはいかない。

また、支流が合流した直後の流れは支流の元の流れに近い速さを持ち、主流へ深く混じるほどその速さに馴染んでゆくだろう。したがって流れ込む支流の速さが主流より速ければ、合流後、つまり河口付近で元の流れよりは遅いが主流よりは速く、河口から沖へゆくほど主流に近い速さに馴染むだろう。だが速かったほうの支流の流速を超えることはない。同様に、支流のほうが遅い場合にはしだいに主流と同じくらいまで速められるだろう。しかし主流の元の速さを超えることはあるまい。

光の静止座標の流れ方も、同様に考えてよいだろう。この場合、主流とは勢いの大きいほうをいう。

光の座標で云えばその勢いは重力場が与えている影響の大きさがそれにあたるだろう。大河に相当する重力場とは、例えば太陽のような大きな質量を重力源とする場であるか、その重力源に近い空間であるために強い影響を受ける場合、それは、大河に相当する勢いを持った影響力であると言えよう。言い方を換えれば、その重力源から離れるほど、その影響は弱まるはずだ。

もっと正確に言えば、ある空間において、周辺の物体の運動による重力場の流れの勢いはその物体の運動速度およびその物体の質量に比例し、物体までの距離の2乗に逆比例する、としてよいだろう。その物体までの距離に大きく左右される。

地球の地表での重力場はそのほとんどが地球の重力場で占められ、太陽重力の影響は太陽が重力源としての巨大な質量を持つにもかかわらず、それがはるか遠方からのものであるゆえに、ほとんど及んでいない。地球から十分離れた宇宙を考えれば、光の静止座標は、太陽と太陽惑星たちの各重力場速度のベクトル和によって与えられており、惑星や太陽に近い場所の光の静止座標はそれぞれの影響力に応じてその惑星や太陽にとどまろうとする性質を持つものといえよう。

数学に親しむかたにも納得していただくために、これからすこし数式的な考慮をしてみよう。

静止座標はどのように決まるか

川の流れ

図のような合流河川の流速がどのように決まるかを考えてみよう。図は大きな川R_1に支流R_2が合流する直前の断面を描いてある。

図のとおり河川R_2とR_1の合流を考える。合流前の各川断面積aおよびAの和が合流後の川断面積Sになると仮定すると、合流前の各流量は各川断面積に各々の流速を乗じたものとなるだろう。合流後のそれらの合計をQとしよう。これは合流後の川の“流速Ｖと川断面積Ｓとの積”となるはずだ。つまり合流後の流速は、“流量Ｑを断面積Ｓで除した値”として得られる。 すなわち、合流前の流量$A\upsilon_1$と$a\upsilon_2$の和Ｑを合流後の断面積（Ａ ＋ ａ）で除したものとして得られる。

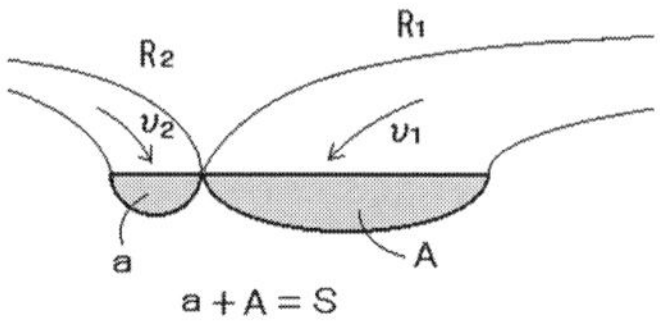

図１

$$V=(A\upsilon_1+a\upsilon_2)/(A+a)$$

である。一般式で言えば

$$V=\Sigma S_i\upsilon_i/\Sigma S_i \qquad \cdots\cdots\cdots①$$

ということになる。それぞれの流量和を合流後断面積で除すという式である。

例題として、小さい川は流速が2倍速く　$\upsilon_2=2\upsilon_1$、川の規模は主流Ａの10分の1であるものとして合流後の流速を算定してみよう。

合流後の流量は$A\times\upsilon_1$と$a\times\upsilon_2$との和である。ａが（1／10）Ａ、υ_2が$\upsilon_2=2\upsilon_1$なら、その和は$A\times\upsilon_1+(1/10)A\times2\upsilon_1$となって

$$Q=(1+2/10)A\upsilon_1=(12/10)A\upsilon_1$$

川断面積Ｓは

$$A+(1/10)A=(11/10)A$$

流速はさっきの流量$(12/10)A\upsilon_1$をこれで除したらよい。分子分母のＡは約分され、Ｖは

$$V=(12/10)\upsilon_1/(11/10)=(12/11)\upsilon_1$$

となって、υ_1よりわずか速くなるだけである。

背景速度の合成

太陽系のように複数の重力場が存在するとき、光の背景となる重力場の運動速度はどう決まるだろうか。

川の例での川の規模に相当する光の背景への各重力場運動の影響の大きさは、ニュートン万有引力則を援用すれば、重力源となる物体の質量に比例し、その物体までの距離の逆2乗に比例するものと考えられる。すなわち

$m_i G/r_i{}^2$　（Gは万有引力常数）

である。これが川の場合の各断面積S_iに相当する。各重力場の動いている勢いはこれにその速さを乗じた $v_i m_i G/r_i{}^2$（①式における分子）となろう。分母のΣS_iは各々がつくる重力場の総和 $\Sigma m_i G/r_i{}^2$ に代わる。

かくしてその空間における背景速度はそれらの和

$$V_{0C} = \Sigma \frac{Gm_i v_i}{r_i{}^2} \Big/ \Sigma \frac{Gm_i}{r_i{}^2}$$

と表わせよう。Gが不変だとすれば

$$V_{0C} = \Sigma \frac{m_i v_i}{r_i{}^2} \Big/ \Sigma \frac{m_i}{r_i{}^2}$$

ということになる。これと等しい運動をしている座標が光の静止座標ということになる。具体的な例題が巻末（論文P．231）で考慮されているので参照されたい。

ここに授かった物理学上重要なことは、その**絶対座標を計算する方法**が見つかったことである。それが「光速の法則」であろう。しかるにわれわれは、絶対座標とはその空間における絶対座標であって、宇宙全体に対して**唯一絶対的に静止しているものではない**ことを知ったことになる

磁気の力

磁石の帆で船は進むか

磁石が別の磁石や鉄片を吸いつけようとすることを誰しもが幼少の頃から体験していることだろう。

その力がどのように生じているのかは、未だに謎である。謎は謎として解明されるのを待つほかないが、分かっている事実は1つの磁極がそれとは異種の磁極を引き付けることである。つまり、陽と陰の2種がある。異種同士が引き合い、同種同士は斥け合うという事実だ。なぜ磁石が力を受けるのか？ という謎の解明は別として、次のことだ。

磁石は常にN，Ｓ極の2極を、同時にでなければ持たず、片方だけが存在することは、人が知る限り絶対にない。その理由は磁場の成因にある、と筆者は見ている。それはさておいて、磁石が2種からなるとすれば、磁界の中にある磁石も、必ず2種をペアで持つにもかかわらず、なぜ消しあうこともなく引力(斥力)が生じるのだろうか。片方が引かれるなら、必ず他方は退けられる。両方の力が等しいなら、磁石を動かす力は生じないはずではないか？という疑問だ。

なるほど磁針は片方が北極を向けば他方は反対の力を受けて反対向きになろうとして、その向きに回転する。この事実はたしかに異極は引き合い同極は反発し合うことを認識させる。しかし諸君、磁針でも棒磁石でも発泡スチロールに貼り付けて水に浮かべてみたまえ、磁石でもって船は北へ進むだろうか？

実際には、回転はしても、進むことはない。つまり、全体はどちらへも進み始めることはしないのだ。地磁気は巨大なものであるため、磁石船の周りでほとんど一様であって、船のN極もＳ極も、等しい力しか受けないからである。地磁気が一様であるということは地磁気の強さがその近辺でどこも等しい――勾配が

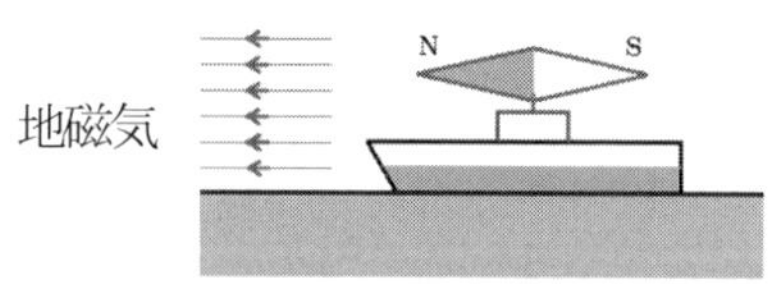

ない――ということを意味している。

磁源Mがつくる磁場が磁極A，Bに及ぼす力が、磁源から磁極までの距離Rに伴って1／R^2（距離の2乗に逆比例）となるかは明言できない。なぜなら、磁源からの磁力線がきれいな放射状――例えば質量のつくる重力場のような――であるならその距離を半径とする球面積に逆比例すると考えることは理に適うが、実際の磁力線は半割りリンゴの芯模様のように偏在している。それを近似的に放射線と見るとき、R^2の逆比になると見て大差ない場合もあるかもしれない。

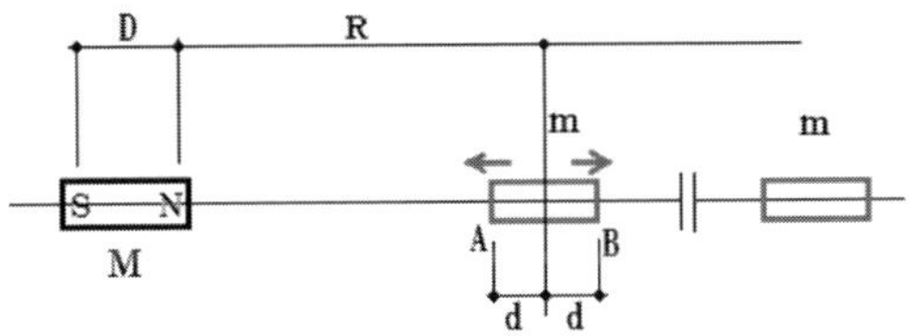

図２

そうした場合には磁源N極がA端に与える磁場の強さはおよそ

$$\frac{kM}{(R-d)^2}$$　（Mは磁源のN極磁荷）

B端では

$$\frac{kM}{(R+d)^2}$$

この差が(磁源N極に関し)磁石ＡＢに働く力であろう。これをｆとすると

$$f = kM\left(\frac{1}{(R-d)^2} - \frac{1}{(R+d)^2}\right)$$

$$= kM\frac{4Rd}{(R^2-d^2)^2}$$

磁石mが磁源Mから離れるということは距離の比δ＝d／Rが次第に小さくなると見てよいだろうから、d＝δＲとおいてｆは

$$f = kM\frac{4Rd}{R^2(1-(d/R)^2)^2} = kM\frac{4\delta R^2}{R^2(1-\delta^2)^2}$$

$$= kM\frac{4\delta}{(1-\delta^2)^2}$$

を得る。すると相当離れた位置δ→0では

$$f = kM\lim_{\delta\to 0}\frac{4\delta}{(1-\delta^2)^2} = 0$$

となって、Mから遠方にあるmにはMによる力学的作用はないと見てよいことになる。なお、最も接近して　δ＝1（d＝R）となったとき数式上はｆは無限に大きいことになるが、このような近距離では磁場の放射状の広がりはないため、無限大の力になると考えるのは適当でない。

では磁石は実際のところ、どれほどの力を持つものであろうか。

磁力はどこまで強力か

手作りで実験

最近では、ホームセンターなどで、小さいながらも力の強いマグネットを手に入れることができる。

例えば「ネオジマグネット」という、直径15ミリ 厚み5ミリで、中央にビス止めするための皿穴があけてある製品がある。磁力0.451T、吸着力4.7kg記されている。この磁石と磁石が向かい合ったとき、どれくらいの力で反発しあうのかを手で試みようとすると、指先でくるりと返ってしまう。マグネットが回転できないように木製丸棒の小口にビス止めしたものを2つこしらえ、両者を向かい合わせてみよう。平行に向かい合わせるために、パイプの両側から挿し込むことにする。パイプは外から観察できるように透明なものを用いる。丸棒とマグネットの外径は15ミリだ。内径17ミリのアクリパイプ(外径21ミリ)が見つかった。

空荷の秤の重量は174.5g になって、このとき浮き空間は12ミリほどになった(写真4)。

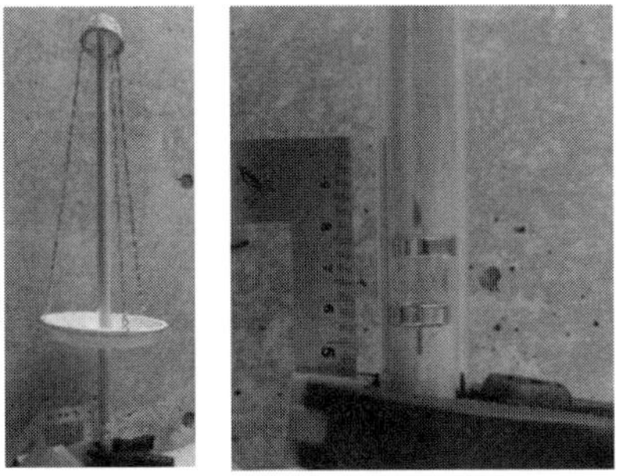
4

石3個(927g)を載せ（全量1101.5gになる）てみると、空き2.3ミリほどになった(写真6)。

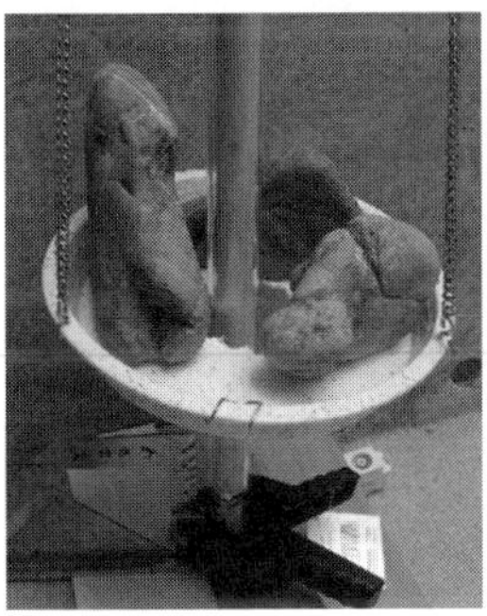
5

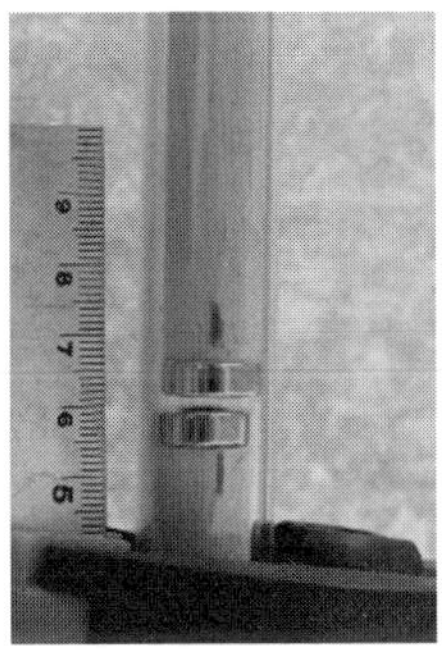
6

さらに荷を追加し全量1370gにすると、空間は0.7ミリ沈んで1.6ミリほどになった。直径15ミリの小さなマグネットが少なくとも1.4kgを支えることが確認できた。マグネットの重さはわずか4gである。圧力にしてみると$4 \times 10^{-3}/\pi(1.5/2)^2$ kg/cm^{2}だ。これに対してマグネットの実験耐圧力は$1.4/\pi(1.5/2)^2$ kg/cm^{2}で、その比を計算してみると350倍、つまり重力による圧力の少なくとも350倍はあることになる。実験に用いた「ネオジマグネット」は451ミリテスラ(0.45T)、吸着力4.7kgとある。

リニア鉄道車を浮かせる技術利用のためには、磁石の力を強化したい。どれほど強いマグネットを製造することができるのだろうか。

――ネオジム磁石とは

“ネオジム磁石” Neodymium magnet は、ネオジミウム、鉄、ホウ素を主成分とする希土類磁石の一つである。永久磁石中で最も強力とされ、これは1984年、米ゼネラルモーターズと住友特殊金属(現、日立金属) の佐川眞人らによって発明された。

非常に錆びやすいので、製品はニッケル等でコーティングされている。数センチの大きさでも10kgw 以上の吸着力があるから、取り扱う際は指を挟まないよう手袋をする必要がある。

近年のハイブリッド自動車用のモーターにネオジム磁石が使用されるが、これは使用中、温度が200℃まで上がるため、耐熱性のジスプロシウムが8%混入されている。磁石は通常、高温では保磁力が落ちるからである。

――ジスプロシウムとは

ジスプロシウム (dysprosium)は銀白色の金属で、原子番号66の元素Ｄｙである。希土類元素の一つで、結晶構造は六方最密充填構造(ＨＣＰ)をしている。比重は8. 56、融点は1407℃、沸点は2562℃。空気中で表面が酸化されている。高温で燃焼しDy_2O_3となる。水にゆっくりと溶け、酸に溶けやすい。きわめて偏在しており、現在99%が中国で産出されている。

その、希少金属、ジスプロシウムを使用しないでネオジム磁石の保磁力を維持しようという研究がある。

１２　ジスプロシウム

保磁力を高めるには磁石を構成している結晶粒を微細化するとよい。独立行政法人“物質・材料研究機構ＮＩＭＳ”の宝野利博らのグループによる研究では、熱間加工ネオジム磁石に、Ｎｄ$_{70}$Ｃｕ$_{30}$合金を650℃で溶かして結晶粒の間に浸透させ、連続的なネオジム銅(ＮｄＣｕ)合金層を形成させて耐熱性を高め、保磁力を高めた。

――ビッター電磁石

Ｐ. 139に見る空(くう)に浮くカエルは、ビッター電磁石の強力な磁場によるものだ。ビッター電磁石は、導線のコイルではなく、円形の金属板と絶縁体から、らせん状に積層して作られる。電流は板をらせん状の経路にそって流れる。この方式はアメリカの物理学者フランシスビッターによって1933年に発明された。

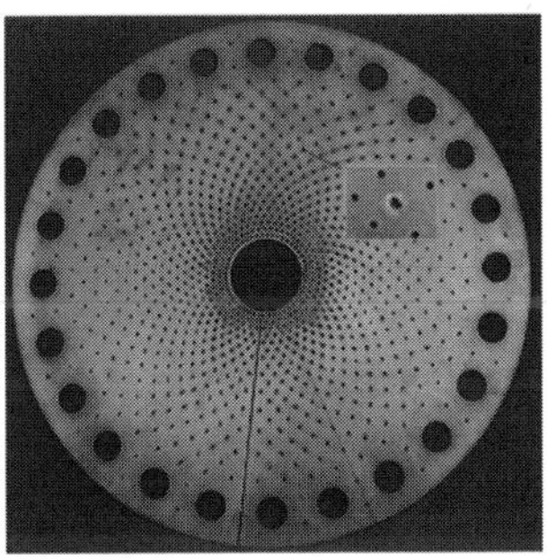

１４　ビッタープレート

写真は彼の名を冠して知られるビッター板(プレート)

その積層板方式の目的は、磁界の強さの2乗で増加するローレンツ力によって産み出される巨大な機械的外圧力に耐えることだ。板の穴を通して水が冷媒として循環し、板を流れる大きい電流による膨大な熱を板から運び去る。発熱も磁界の強さの2乗で増加するのだ。写真はその16T という強力磁場を作り出すためのビッタープレートである。銅製で直径40センチ。ここに40キロアンペアの電流が流される。

まとめ

○磁石の強さには２つの尺度がある。保磁力とエネルギー積である。

○磁石は高温では弱くなる。

○耐熱のためネオジム磁石には約８%のディスプロシウムが混ぜられている。

○電気自動車の走行エネルギーは電池から供給されるが、磁石が相手を動かすのは磁石の持つ磁気エネルギー(エネルギー積)を貸借して行う。

○磁石の保磁力には磁石を構成する結晶粒の微細化に効果がある。

○ビッター電磁石は銅板をらせん状に積層して作られ、１６Tもの磁場をつくる。

天邪鬼力（あまのじゃくりょく）のメカニズム

超電導のマイスナー効果

超電導の実例として、近年、磁界の中で超電導物質が宙に浮くという報告を目にした人は多いだろう。

これは“マイスナー効果”と呼ばれ、磁力線は超電導物質内に入りこめないで反発されるため、バネのように撥ね返されるからである、と説明される。

だが超電導物質には去ろうとする磁場を引き止めようとする作用もある。このことについても、説明が必要であろう。

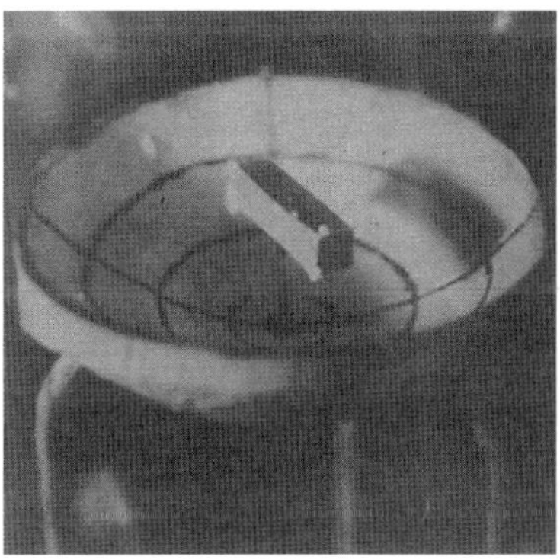

浮き磁石の実験　D. Shoenberg: Superconductivity, Cambridge Univ. Press, 1960 より

写真は棒磁石が、超電導状態になっている鉛の椀の上に浮いている。椀は白く塗られ、立体感を出すため線が引かれている。説明では、磁力線が超電導状態の椀に入ることができないから、磁力線の張力で磁石が宙に浮くとしている。

筆者は自然の天邪鬼性のおこすメカニズムを以下に述べる原因によると解釈したい。すなわち、自然物がもつ“レンツの法則”という性質に由来すると。

電磁気の不思議――レンツの法則

図1～4は導電線をまるく閉じたリング0に対し直角の向きに、磁石の磁場が対峙している。

場面① リングへ向かって磁石N極が接近してくるとき、リングに何が起こるだろうか。

このとき、図1から想像できることは、リングの円の内部を貫通している磁力線の数はしだいに増加するだろう。すると現実に起こることは、リングは近づくN極を押し戻すような磁場をつくろうとする。これはあたかも生物のような謎めいた性質であるが、これが知られるところのレンツ(Lenz)の法則である。

いまリングの右側からリング面に垂直な向きで磁石が近づいているとしよう。質量を有するリングは慣性つまり静止を続けようとする性質を持っている。すると知られるところでは、リング導線内に電流が発生し、その発生した電流はN極が接近（N極磁束密度の増加）してくることに反抗する向きの磁場を発生させる。つまりその発生磁場は図の右向き（磁石へ向かう向き）となる。これは反磁場と呼ばれる。（磁力線の向きはNを出てSへ向かうことになっている）

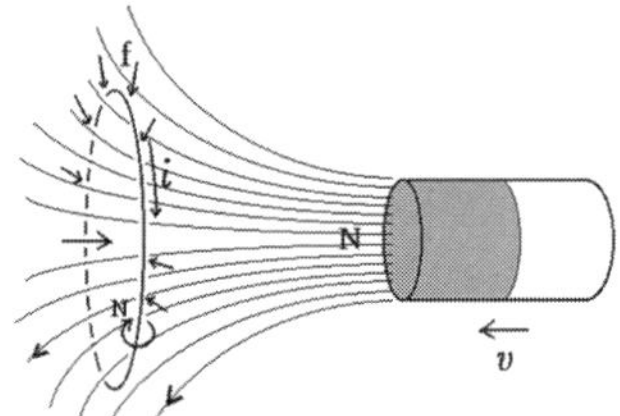

図1

右ネジを右（発生する誘導磁界の向き）へ進めるときにドライバーを廻すべき回転方向に、リング内電流が発生するわけだ。すなわち電流の向きは磁石に向かって右廻り、図のｉの向きである。

するとさらに、そのリング内電流はその電流が流れる導線の周りに導線を取り巻くような磁場を発生させる（図では小さい円を描くNで表わしてある）。この磁場の向きは右回り（電流ｉの向きにネジを進めるためにドライバーをまわす向き）である。これは**エルステッド**が発見した**電流による磁気作用**の法則だ。

その結果図から分かるとおり、円内の全体で、磁石の近づこうとするN極に反発する向き（リングの中心に描かれた矢印）になる。これが天邪鬼なる電磁誘導の法則、すなわち**レンツの法則**だ。

このときリング外部で磁力線密度が増し、リングはそとから圧し縮められるような力を受ける。

場面② こんどは磁石のN極が図2のように遠ざかろうとする場合はどうか。

この場合にも誘導電流は生じ、面白いことに、こんどは減少しつつある磁束を引きとめ、磁石の去るのを引きとめようとする向きに働くのだ。

すなわちコイルは相手Nに対しＳ極をつくろうとして、磁石へ向かって左廻りの電流が発生する。あるいは磁石の左向きの磁束密度が減らされるとき、この磁束を補おうとする向きに電流が生じる、と見てもよい。

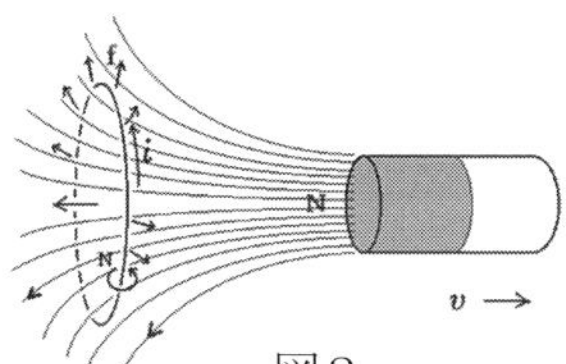

図２

磁場状態を変えまいとするこれも自然が持つ性質である。その結果リングは引かれて、図では右への加速を受ける。

導線を流れる電流の方向へネジを進めるために廻す向きに、電流を取り巻くような磁界ができる。

するとその磁界はリング内では図の左向きで貫通する。つまりその磁束密度はリング円内で高まる。リングはその結果内側から外側に拡張させる向きの力をうける。

場面③ つぎに、磁石のＳ極側が接近するときはどうか。

リング内に磁石がつくっている磁束の向きは図で右向きである。

リングは近づいてくる磁石のＳ極に対抗して磁石の側へＳ極をつくろうとし、左向きの磁界をつくるだろう。導線に発生する電流の向きは①とは逆になる。近づく磁石に反発し、リングはその反力をうけ左への加速をうける。リングに作用する力は①の場合と同じである。すなわち、リングは圧し縮められる。

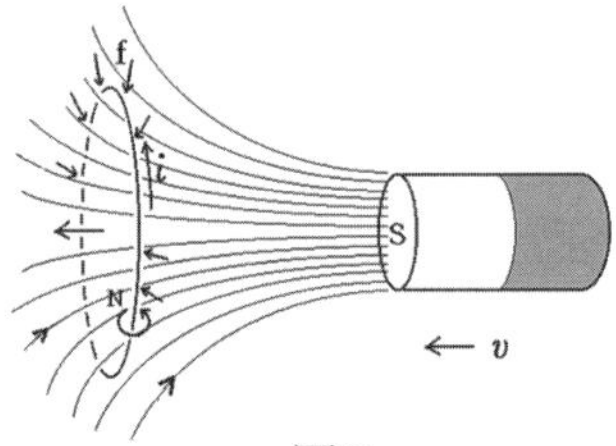

図３

場面④ 最後に、磁石のＳ極側が遠ざかるときはどうか。リング内に磁石がつくっている磁束の向きは③と同様、右向きだ。

後退しつつあるＳ極を引きとめようとして、コイルは相手Ｓに対してＮ極をつくろうとする向きの電流を発生させるだろう。リング円の内側で右向きの磁界をつくることになる。導線に発生する電流の向きは③とは逆となる。リングに作用する力は②と同様で、遠ざかる磁石を引き戻そうとし、リングはその反力をうけ右方への加速をうけよう。リングはリング内の磁束圧力が高まり、拡張させられる。

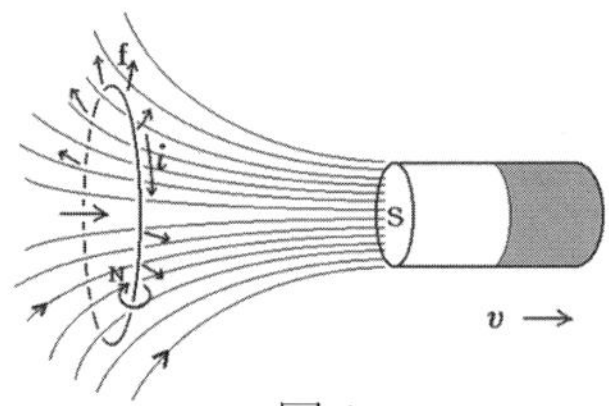

図４

押せば押し返し、引けば引き戻そうとする電磁気のおもしろい性質を見てきた。これによって、リングやコイルは磁石の動きの通りに動き、間隔を保とうとするかのように観察される。これは原子や素粒子の世界でも同じであろう。力学における“慣性”のようなものである。

なお、「マイスナー効果Meissner effect」は現在以下のようにされている。

《超電導体が持つ性質の1つであり、永久電流の磁場が外部磁場に重なり合って超電導体内部の正味の磁束密度をゼロにする現象である。“マイスナー-オクセンフェルト効果”、あるいは“**完全反磁性**(Perfect diamagnetism)”とも呼ばれる。(ウィキペディア)》　わたしもそのような理解に同意見だ。

物質構造と超電導

これまでわれわれが実存と思っていた“質量”とは、空間のある性質に過ぎず、互いに帳消しにし合うような反対の2種の性質があり、その和はゼロであって、空間の振動や波動は性質空間がつくるエネルギーおよび運動エネルギーという総計ゼロのエネルギーから、それぞれ貸借によって融通しあっているらしいことが分かりつつある。

最終的に知りたいことは、空間に生じた性質――“場”――についてであると言ってよいかもしれない。超電導という物理は場の性質の中にその源泉があるのではないか。以下にその超電導についてよく考えてみよう。

超電導とは

マイスナー効果と超電導

1933年、W・マイスナー(Fritz Walther Meissner 1882～1974 独)とその助手オクセンフェルト(R.Ochsenfeld 独)は、超電導体は完全導体(電流に対して抵抗がない)であると同時に、完全反磁性体(外部からかけられる磁場に対向する)であることを発見した。磁場のなかに置かれた試料の内部から“磁場が排除されて”いるらしかった。はじめに試料をノーマル状態にしておいて磁場を加え、そのあとで超伝導状態になるまで冷却すると試料の内部から磁束が排除され、はじめに超電導状態おいて、そのあと磁場をかけると、やはり磁束の排除がおこった。

その後超電導状態の本質が研究され、量子力学と同様、磁束の量子化が行なわれる。こうしてＢＣＳ理論へ導かれる。

試料を低温にしてゆくと、電気抵抗は転移温度でゼロになる。これを超電導状態と呼ぶ。

グイの実験

物質は反磁性体と常磁性体に分類される。水平に置かれた磁極のあいだに長い円柱棒の端を差し入れたかたちで天秤から吊るすと、円柱棒の材質によって上向きの力を受ける（反磁性＝レンツの法則）ものと、下向きの力を受ける（常磁性＝磁気誘導）ものに別かれる。磁場に対して直角な方向に押されたり引かれたりする力を受けることが見られる。

円柱棒の片方は強い磁場の中にあり、他端は弱い中にある。このことは磁場勾配によって力の作用が生じると見るべきだろう。グイの実験によれば

$$\chi = 2\mu_0 F/B^2 A$$

と得られた。χは帯磁率（ディメンジョンのない数値）、μ_0は真空の透磁率(H/m)、Ｆは下向きに働く力、Ｂは磁極間の磁束密度、Ａは円柱の断面積である。超伝導体では強度に反磁性的であって、χはマイナス1となる。

反磁性電流

外部磁場があるとき、反磁性体の内部で運動している電荷に外部磁場が作用して反磁性電流が生じる（レンツの法則）と見られている。外部磁場を取り去れば電流も消失する。この反磁性電流は、外部磁場が加わったときに、超電導物質も含めすべての反磁性体に存在する。

筆者は以下のように考えている。――いま紙の表面に沿って上から下へ荷電粒子が流れたとしよう。このとき、電流としては紙面に沿って下から上への向きになる。この電流は電流の向きへ進める右ネジの回転方向に磁場をつくる。したがって電流の右側で、紙のおもてから裏へ磁力線をつくるだろう。ここに外部磁場が紙面に垂直に、おもてから裏への向きにかけられたとする。このときローレンツ力として磁力線の密な方から疎な方へ働く性質がある。加えられる外磁場の向きはおもてから裏への向きであるとすれば、電荷の運動がつくる磁場も電流の右側ではおもてから裏への磁力線となり、外磁場のつくる磁力線と重なって密となる。その結果電流は右から押され左への向きに円弧を描くことになる。こうして生じた左回りの電流は、紙面の裏からおもてへの磁場をつくり、これは外部磁場と対立する向きである。これは反磁性であり、こうして生じたのが反磁性電流である。――

円柱が超電導体でつくられているとすると、外部磁場に対立する向きの磁場をつくるように円柱表面に電流が生じる。外部磁場は反磁性電流に力を作

用し、物体全体に力を及ぼすと説明される。書物『超伝導』(A・W・B・テーラー著)では、以上のことは　外部磁場が一様でない場合としてある。しかし、上に述べたメカニズム説明でよいとすれば、一様磁場での説明でも成立する。一様でないとすれば、どのように一様でないのか説明されていないが、変動する場に対してはファラデーの電磁誘導の法則から、磁場がつよく(密に)なりつつある外部磁場に対して、これと対立する向きの誘導電流が生じることになる。変動しない一様の場合、この電磁誘導電流も生じない。よく知られた、磁石が超電導の椀のなかで宙に浮いている写真(図ａ)がある。

その写真についてわたしはまた、図は反磁性電流によって磁石が宙に浮いていることを示し、わたしの解釈では、――超電導体である椀に近いほど磁石の磁力線は蜜となって、ある密度まで高まった位置で反磁性電流が起こす力と磁石の重量とが釣り合ったところで浮いているとみている。超電導体の中では永久電流(減衰しない電流)が生じているだろう。もしも先ほどのメカニズム説明でよければ、変動磁場でなくても浮くということから矛盾しない。

磁石が宙に浮いて静止しているつりあい状態でみれば、磁場は変動していない。そして、現に磁石は宙に浮いている。一方、ファラデーの電磁誘導は変動磁場によって生じるものであるから、実験に見られる宙に静止していることが(性質はよく似ているけれども)ファラデーの電磁誘導によると説明することはできない。しかし、すでに超電導状態である椀へ棒磁石を置く場合、磁場の濃いほうへ動く過程で、ファラデーの電磁誘導からもまた反電流を生じ、結果的には超電導体である椀にそのまま流れつづけていることが原因でありえる。――

はじめに試料をノーマル状態にしておいて磁場を加え、そのあとで超伝導状態になるまで冷却すると、磁束の排除が得られる。はじめに超伝導状態おいて、そのあと磁場をかけると、やはり磁束の排除がおこる。

超電導状態のバルク――侵入度(後述)に比べ肉厚なもの――な資料から磁束が完全に排除されることを1933年、マイスナー(Meissner)とオクセンフェルト(Ochsenfeld)によって発見され、マイスナー効果として知られる。

マイスナー効果の実験

静磁場中にある円柱形の資料にノーマル状態のコイルを巻きつけ、検流計につないでおく。ノーマル状態の円柱を超伝導状態になるまで冷却すると、超伝導状態にはいったとたんに、内部磁場が排除された状態に急激に変わる。

この磁束の変化は弾道検流計によって観測される。

また、超電導状態にある円柱をコイルから急に取り除くと、つまり、内部から排除されていた磁束が外部磁場の満ちた状態になると、この急激な変化は弾道検流計で観測できる。

わたしの考察では、さきほど「反磁性電流」のところで述べた作用により、前半では試料に永久電流が生じて静磁場を相殺（排除）し、後半の現象については、その永久電流を取り除くことによるファラデー電磁誘導が生じ弾道検流計を動かすからであると考えている。外部磁場のもとで超電導体に流れる反磁性電流は、磁場による力をうけ、超電導状態にある物体がその力を感じることが可能である。

テーラーによれば、バルクな超電導体の内部では磁束密度はゼロに等しく、反磁性電流はその内部には存在しないので表面を流れるほかなく、磁気的な力を表面で受けることになる。

永久磁石への応用

格子欠陥をもつ試料を永久磁石化するには、試料に外部磁場を加え、そのあとで取り除けばよい。永久磁石の性能の目安は、永久磁束と、それに用いられた外部磁場の強さとの積で示される。通常の最良の磁石と同じ程度から、10倍にもなる永久磁石を無理なくつくることができる。

不思議な独楽

なぜこの独楽はいつまでも回り続けるのだろうか。独楽は空気中をかすかな音を立てながら回転する。空気をかき混ぜ、音を立てるからには、その回転運動エネルギーはしだいに減衰するはずである。

止まらないこのおもちゃの独楽は、ふところにドーナツ型の磁石を隠し持っている。回っている独楽はその磁場も回転させている。独楽は黒い色をした丸い箱台の上で廻される。

図３

箱台の内部にはコイルが忍ばせてあり、独楽の磁場から磁気誘導を受けて反磁場をつくる。それは、実は二重コイルになっていて、内側コイルは外側コイルの起こす反磁場に対し更なる二次誘導を起こして、細く絞られたものを独楽に返す。したがって、それはまったく、独楽が抱くドーナツ磁石の回転に同期している。見ているあいだに独楽は自分で回転数を上げてゆき、勢いよく回り続ける。

つまり、外側コイルが独楽の変動磁場を受信反転させ、内側コイルは更にこれを反転させる。すると内側コイルの返す磁場は独楽の変動磁場に同期することになって回転を盛り立てるという仕掛けである。

変動磁場を増幅し独楽を加速させるエネルギーは、実は箱に隠されている電池から供給される。

運動は止まらない

宇宙に満ちているという黒体放射の存在が語られている。つまるところ、星間物質がいくら熱を放射しても、宇宙から飛来する光を新たに吸収している限りは、絶対零度にまで冷たくなることはできないわけである。走っている自分の速さを止めることもまた、足を摺り合わせるべき地面なしにはできない。

宇宙空間を運動する物体は、まったく真空な空間にあって減速し自らの運動エネルギーをゼロにすることもまたできない。なぜならその運動エネルギーの一部でも、代わりに受け取ってくれる他の存在なしには同じエネルギーを持ち続ける――これがエネルギー保存の法則だ――からである。

試験走行で2003年12月時速581kmを記録（世界記録）した、『超電導リニア』（鉄道総研＋ＪＲ東海）への技術利用例がある。そのWikipedia記事によれば、移動する磁界(列車磁石磁界)中に置かれたコイル(地上設置)に誘導起電力が生じ、これは反発力をもつことを利用しているという。

この原理的なものの一部は、『**止まらない独楽**』のリニア版と見てよいだろう。

電磁場の天邪鬼性

意外に思う人がいるかもしれないが、物体内部に起こる反磁場の発生は、コイルの形状に対してしか起こらないという理由はない。原子のレベルまで考慮すると、輪の形ではなく平板や立体であっても起こりうることなのだ。

つまりそれが、電流を流さない非金属、たとえばガラス玉にも起こる。さきほど、「反磁性電流」に見たメカニズムがそれであろう。それは物質内の自由電子によると考えられる。

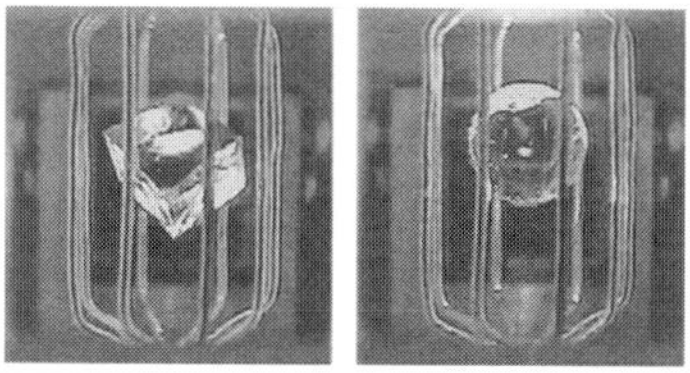

ガラスが強力な磁場によって浮いている

ガラス玉が磁場への接近・離遠という位置エネルギーの減少や増加を起こそうとするとき、不変則を保つように電子や陽子の運動エネルギーの増加・減少となって、コイルと同理に外磁場の変化に逆らう誘導磁場を生じ、それが反発力や吸引力という形で働くからである。

したがってその電磁誘導は玉が落ちようとするのに反発するだけでなく、われわれがガラス玉を取り除こうとすることにも反抗して、引きつけて保とうとするのだ。磁場を強めてゆけばガラス玉同様、米粒や生きたカエルをさえ空中に浮かせることができるのだ。物体の引っ張り強度や圧縮強度の起源であるのかもしれない。

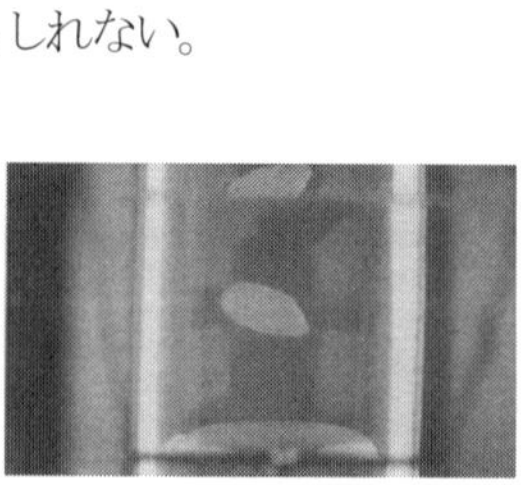

浮かぶ米粒

宙に浮く生きたカエル

Bitter 電磁石(Bitter electromagnet) 約１６T による 。オランダ・ナイメーヘンの High Field Magnet Laboratory から。

（画像;ウィキペディアより）

原子の世界も　摩擦はない

素粒子たちの世界でもまた、例えば、原子における外電子という粒以外には何もない真空な空間であるとすれば、粒が運動エネルギーを減じることはきわめて起こりにくい現象であるにちがいない。

起こるとすれば2通りあるとわたしは考える。エネルギーを他に貸すか、与えるかの場合である。「他に貸す」とは、例えば位置エネルギーや磁気エネルギーといった別の形で持ち続けることであり、「与える」とはエネルギーを他に譲渡し自らの運動エネルギーは減少または消滅する。

跳躍のエネルギーを一時的にバネに溜め込みバネエネルギーを再び跳躍に変える“トランポリン”方式か、砂袋に着地して跳躍を摩擦熱として与え運動を終える“砂袋”方式かの2通りである。

原子たちの世界もわれわれの宇宙と同じように、素粒子たち相互間は極めてスカスカなものであるとすれば、“砂袋”方式はありにくいことであろう。

わたしは前者の方式を自然界で多くの現象を起こさせるメカニズムであるとして「貸借の法則」と名づけている。

宇宙で起こる衝突以外の天体運動は「エネルギー貸借の法則」に従っているとわたしは見ている。ちょうど、銀行に預けた（貸した）ために手持ちの現金は減るが、現金と預金との合計額が自分の財産であることに変わりはないのと同じだ。

低温で安定な骨組み

さて、鉄のような塊りがその塊りのまま、変形しようとしないのはなぜだろうか。形を保つのは、互いの原子同士の間隔を安定な現在位置で保とうとするから、であろうとわたしは推測する。

金属を静かに結晶させると、安定な動きを経て最終的にはいちばん安定な位置に落ち着くのだろう。その結果、原子の種類によってそれなりの規則正しい形状――結晶形――を形成するのであろう。

興味あるこれら幾何学的な形は、人が苦心して研磨したものではなく、物質たちが自ら形づくっているものだ。さっき言った安定な場所に居座った原子たちの構造――結晶構造の結果――にちがいない。

この美しい結晶の形から、原子たちは直角の角度を持って並び合っている。あるいは120度(60度)の角度を持って並び合っているのだろうと想像することができる。

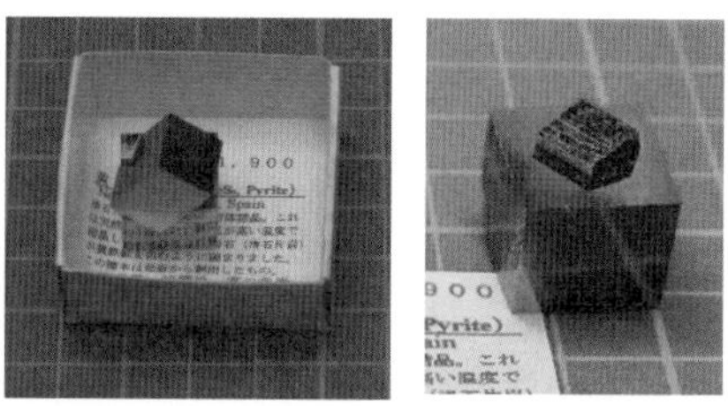

写真１は黄鉄鉱 Pyrite (FeS_2)の例である。立方体に別の立方体が陥没しているかにみえる

1

写真２の左は正８面体に割れた蛍石（ほたるいし）、右はアクアマリン(緑柱石 BERYL) $Al_2Be_3[Si_6O_{18}]$の例である

2

磁石の根源はなにか

われわれはコイルに電流を流すと磁場が発生することを知っている。磁場は電子（あるいは陽子）の運動によって、その周囲に発生するものであるらしい。

電流を流さなくても磁力を持つ永久磁石はなぜ磁場を持っているのだろうか？

磁化した鉄は永久磁石になる。しかし、われわれは第3章P．54で、コイルの中空の部分に磁場を発生させ得ることを知った。これらのことから、われわれは磁荷というものが無くても磁場は存在させ得ると考えてよいことに気づいている。

そこでわたしは、磁場は電子（陽子）の回転――これは電流と同じだ――で生じている、と結論してよいと考えている。その最も小さいものは1925年発表されたクローニッヒ、ウーレンベック、ハウトシュミットらの言う電子の“スピン”つまり自転である。

磁極はその性質上互いに頭と尾が引き合い、緊密に連なる。するとそれは渦のようにつながるだろう。つながるとさらに威力を増す。原子をそのように整列させ戻りにくくしたものを磁石として利用することができる。

強力な磁場を発生させる仕組みとしては、コイルに強力な電流を流せばよい。もし、そのまま電源を切ってもその電子が惰性でコイル中を回り続けてくれるなら、そのコイルを永久磁石的に利用することができるのではないだろうか。

学生時分のわたしなら、「そんなことはできない」と答えたかもしれない。しかしそれができるのだ。もしその電子の惰性エネルギーを消費しないで単に“借用”にだけ利用するに留めるなら、永久磁石として使えることになろう。

例えばリニアモーターカーの車体を持ち上げるだけに使用し、それ以上の上昇あるいは加速・制動などに消費してしまわないならば、電子の惰性エネルギーを減衰させることなく使用可能ではないか、というわけである。

翻って、学校で学んだところによれば、コイルという導線は必ず電気抵抗を持っていて流れを止めてしまう。電流のエネルギーはどうなったかといえば、多くは熱となって消失するということをご存知のとおりだ。しかし原理的には、ミクロの世界では摩擦がなく、転嫁すべきエネルギー対象のない真空で無抵抗な空間であるとするなら、エネルギーが勝手に減衰することができない超電導性であると考えられる。

天邪鬼力（あまのじゃくりょく）を利用した人間の技術

ところが近年の研究によれば、導線の温度を下げてゆけばその抵抗値が下がってくることが分かってきた。

さっき見た金属結晶格子が静かにしているとき、つまり絶対零度に近いとき、自由電子は原子を構成する素粒子たちに衝突することなく滑らかに走り続けるからであろうと、わたしは想像する。貸借関係のみが発生している“トランポリン”方式だ。

このように電気抵抗が急激にゼロとなる現象を、物質に起こっている“超電導”と呼ばれている。それが今や現実の技術に利用されようとするところだ。

実用例としてはMＲＩ画像法やリニアモーターカーその他について見られる。

体内臓器をあるがままの状態で画像に捉えるMＲＩの技術が近年の医療を飛躍的に進歩させていることはご存知だろう。

身体構造の細部を立体的に詳しく見ることができるようになった。Ｘ線によるＣＴスキャンという方法は1953年頃から利用され始めた。脳内血管の一部に動脈瘤や狭窄がないかをその画像を見て診断することが可能になった。だが、短時間の照射であるにしても、Ｘ線は遺伝子レベルでＤＮＡに損傷を与える恐れがある。

近年には磁場を用いるMＲＩ画像法も、国内の大きな病院で利用されるようになってきた。この“核磁気共鳴画像法に関する発見”に対して、医学における重要性と応用性が認められ、2003年ポール・ラウターバーとピーター・マンスフィールドにノーベル生理学・医学賞が与えられた。

magnetic resonance imaging の頭をとってMＲＩ、これは核磁気共鳴(nuclear magnetic resonance, NMR)現象を用いて生体組織を画像化する方法である。それはどのような原理から画像が撮られるものであろうか。これを撮影するカメラはどこにどう仕込まれているのだろうか？

ＭＲＩ装置
――原子核に歳差運動を起こさせる

電子も自転(スピン)している。それゆえ電子自身が最小微小の磁石でもある。電子よりも質量のはるかに大きい荷電粒子としては陽子(プロトン)がある。それが自転しているとすれば、陽子もまた同様に微小磁石となっているにちがいない。そこへ外から磁場をかけてやればどんなことが起こるだろうか。

陽子磁石の頭と尾が外磁場によって磁気モーメントを受けると、独楽がそうであるように、外磁場の向きを軸に歳差運動を始める。

ＭＲＩの装置はちくわのような丸い穴の開いた形状をしていて、この穴に強力な磁場がかけられている。試(こころ)みに、鉄製の筋トレ用腕輪をした大人の男性が近づくと、腕ごとひきつけられ、一人では引き離すことができない。

被験者はベッドに寝た格好のままこの穴に入ってくる。被験者の体の3分の2は水である。

オランダ・フィリップス製MRI装置

この水 H_2O のつくる水素の原子核は1つの陽子を持っている。それらのうち自転している原子核(陽子)は、卓上で回る独楽のように、回転軸と平行でない向きに力が加えられると、スピン陽子はその向きを軸とする歳差運動（首振り運動）をする。物体が装置に差し込まれると、その物質をつくっている水素原子の原子核には、強力な磁場によってその自転軸が振られ、一斉にみな同じ磁場方向を軸とする歳差運動を起こすわけだ。

そのとき増加したエネルギーは、かけられた磁場の強さに比例する。また、その陽子が属する組織(物質)いかんによって、磁場のエネルギーがどれくらい借用できるかの差異がある。それらの勢いはその陽子の属する組織によって違いができる。

その違いを検出するためには、別なラジオ波を照射する。照射による磁場のためにさっきの歳差運動の軸がこの方向へ傾けられる。歳差運動の周波数はラーモア周波数と云われ各原子核特有の周波数で、かけた磁場の強さに比例する。つまり、かけた磁場と同周波数のときよく共鳴(エネルギー吸収)する。

―― 信号の出所を特定する

さて、画像データとするにはその核磁気共鳴信号がどの位置から出たものであるかが特定されなければならない。そこで距離に比例した強度を持つさらに別の磁場(勾配磁場)をかける。この勾配磁場によって水素原子核の位相や周波数が変化する。この観測結果を三次元フーリエ変換して個々の位置信号に分解し、画像データをつくる。つまり、カメラで撮影されるものではないのだ。元々、形のない、場所ごとのデータに過ぎない。

これらのMRＩの原理を満たす原子核は水素(^{1}H)以外にもたくさんあるが、微量のため画像にするには少なすぎる。人体の2／3が水であることを考慮すると、^{1}Hで十分である。空気には陽子がほとんどないので画像は黒となる。

◇MRＩ構成のまとめ◇

以上のようにMRＩの構造は

1. 均一な磁場を形成する磁場(永久磁石や超伝導磁石による)
2. 傾斜磁場(勾配磁場)をつくる磁場コイル
3. 共鳴エネルギーを与える照射磁場
4. エコー信号を検出する受信コイル

という4つの磁場コイルと、

これらから得られるデータを画像に組み立てるための、

5. コンピュータシステム

から構成される。

第5章　存在論

空間の進化

仮定と推論

仮定

1. 組織における組成はより安定な並び方をする。
2. 凝集力によって縮むものは反発力によって止まる(1. による)。

社会組織の中にそれを探してみると、たとえば悪は正義によって淘汰され、正義は悪によって侵される(2. による)。

そもそも“人間”の存在にどんな価値があるのか。人類とは最も進化した生物なのか。
生物をつくる最小単位であろうはずの“物質”を考えてみるに、言わせてもらえるなら、物質とは限界の生成物である。物質には大きさあるいは拡がりに限界がある。限界のないものは永続した“存在”となりえない。

1つの考察がある
――爆発(反発力によって膨張を始めたもの)によって膨張するものはいずれ膨張が止まり収縮を始める。それは万有引力によって――
これは正しいだろうか？
筆者の考えでは、片面だけにおいて正しい。正しくない場合とは、膨張する“粒子の速さ”という互いの距離を遠くさせる量が、限界のある万有引力によってマイナスの加速度(減速)が進められるが、この場合、互いの距離の増加(運動)によって万有引力が減少し、その減少のほうが運動すなわち距離の増加より早いなら、永久に互いの間の収縮を始めることはない。つまり、この場合それらの持つ運動エネルギーがこの系の限界エネルギーを超えていて、再び収縮するエネルギーを持たないからである。それ(爆発の運動エネルギー)が宇宙で薄く生成し始めたもの――わたしはこれを「幻子雲」と呼んでいる――から物質として形成されたエネルギー(収縮エネルギー)の限界を超えていることになる。こうして無限の拡散を続け、希薄となり質量の衰えとともに慣性を失い、宇宙の静止空間に幻子雲となっていずれ消滅する。すなわち、“存在”の確実性を持たない。もっとも、物質が獲得した運動エネルギーが系形成エネルギーを超える、などということがあり得るのか、という疑問がある。

自家製実験

実験装置の製作

このたびは鋼鉄球(14グラム／個)による衝突実験を考察してみたい。位置エネルギー＋運動エネルギー＝一定。つまり、物体が持ち上げられた高さという秘めたエネルギーと、現実に動いている物体の勢いとの和は不変である。玉の“位置エネルギー”が落下によって“運動エネルギー”に変わったのち、別の玉にこの運動エネルギーが与えられると、その玉はその運動エネルギーを預かって、落下する玉の落ち始めたのと同じ高さまで振りあがることができる。

1

今回作ろうとするのは運動エネルギーだけでなく、宇宙のエネルギーについての“貸借の原理”を説明するものでもある。ひいては宇宙誕生の秘密を知る端緒となるかもしれない。

ボールベアリングの玉は非常に硬く、糸を結ぶための穴をキリで孔けることは無理。フックを蝋付けしてはどうか？ というので、大田区の町工場佐藤製作所に見積もってもらい依頼した。出来上がったのが写真1だ。

実験装置の完成へ

装置は下げ振りによる玉の衝突を実際に観察するのが目的である。傾斜面で転がす方法は重心運動のほかに回転の運動量を生じるため、運動速度観察に関して正確でない。今回の糸による下げ振りはその回転要素をほぼ除外してくれる。

さて、振り上げた玉を真っ直ぐにぶつけるには、ぶつけられるほうの玉たちを、軌道から左右に逸れないよう一直線上に整列させたい。そのためには、玉を吊るす糸を1本ではなくダブルにして、上方へ行くほどに開らいたV字型に吊ることにする。つまり逆二等辺三角形の頂点に玉を置く。玉は町工場でつけてもらった吊り手の小さな穴に糸を2回通しループにしてから吊るす。

デモンストレーションの際に振り上げる玉を一時的にホールドする掛け金を、高さを違えて2例設けた。銅製の30φ円板の中心に5φの穴をあけ、そこへ長さ11ミリほどの銅パイプを差し入れて半田付けし、円板の3箇所に皿穴をあけて、円弧の目盛り板に裏側からビス留めした(写真3)。

この銅パイプの穴に2ミリの真鍮棒を通して曲げ、引き金と発射台をつくっている。掛け金は輪ゴムによって引かれているから、引っかけ(写真2)をはずすと回転して玉を解放する。

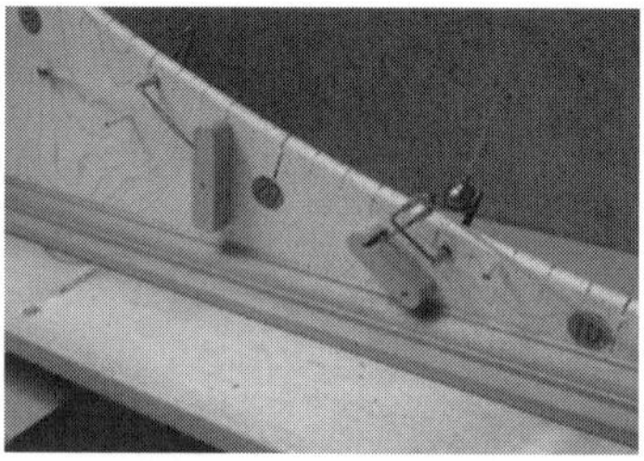
2

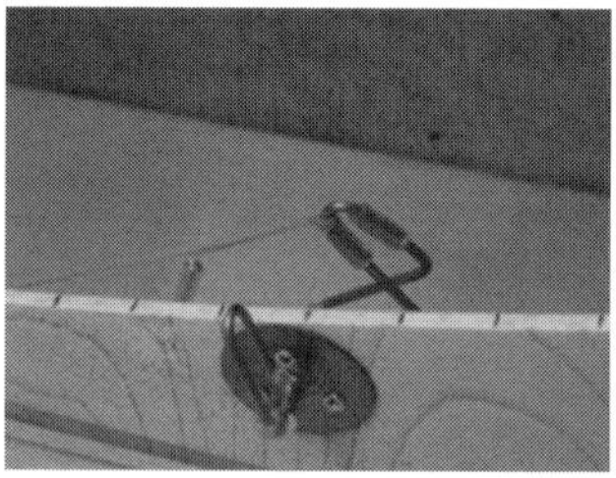
3

完成した製品が写真5である。ただし、台形のアクリ板を傷や汚れから護る保護紙だけがまだ剥がされていない。

玉は4個を珠数つなぎにして2群に別けてある

5（2014. 8. 10　完全図）

下げ振り玉の衝突実験

――エネルギー保存則の実験

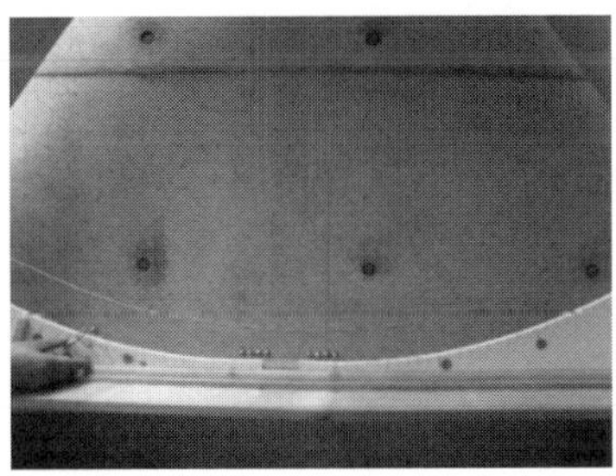

6

<通常実験>

通常実験では打撃球を左へ15°（高さにして34ミリ）持ち上げ、発射すると、第1群の頭に当たり、尻尾の玉が右へ飛び出す。それが第2群の頭に当たってこの群の尻尾の玉が右へ飛び出し11. 8°まで昇った。

次に発射玉を25°持ち上げてみると18. 8°まで昇った。

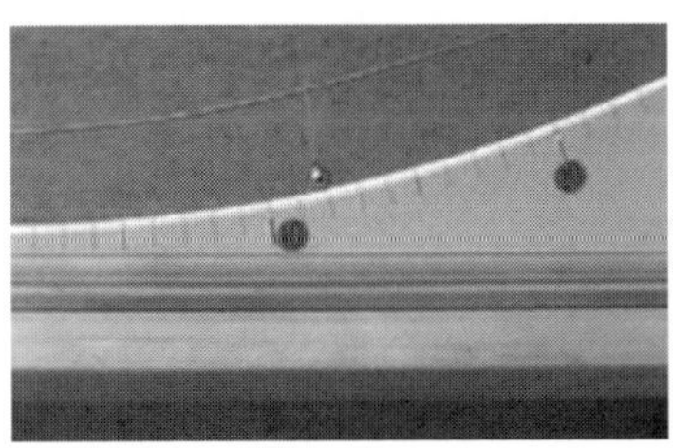

7

図示すると、

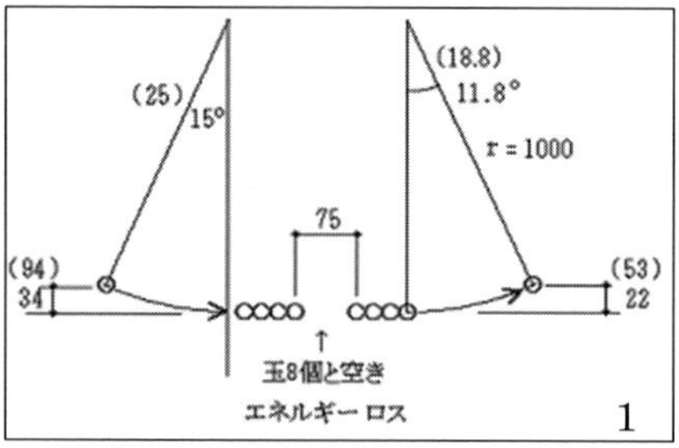

理想的には発射の落下高度と、右の上昇高度は等しいはずである。それが云われるところの「エネルギー保存の法則」だ。それがなぜこの実験では上昇高度がこれほど低いのだろうか。

15°（34ミリ）振り上げて放した玉から7玉経由で受け取った最後の玉は、期待のｈ＝34ミリには12ミリも不足して、22ミリという結果を見せた。これは与えられたエネルギーの64.7％しかなく、35.3％が音や熱となって失われたことを示している。

9個の玉は糸が空気から受ける抵抗のほかに、8回の衝突音と熱として失われるためと思われる。

完全弾性体の90％の弾性体だとしても、単純思考で $0.9\times0.9\times0.9\times\cdots = 0.9^8 = 0.43$(43％)しか伝達しな

算定表

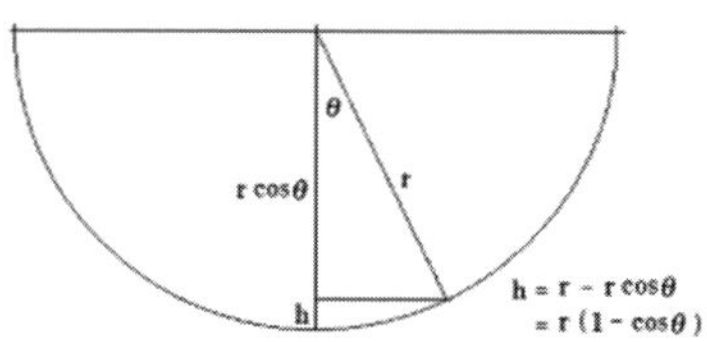

θ	cos θ	1-cos θ	r =1000	h mm
11.8°	0.979	0.021	mm	21
12°	0.978	0.022		22
15°	0.966	0.034		34
18.8°	0.947	0.053		53
22.7°	0.922	0.078		78
23.3°	0.919	0.081		81
24.3°	0.916	0.084		84
25°	0.906	0.094		94
30°	0.866	0.134		134
30.6°	0.862	0.138		138

いことだろう。実験に使用した鋼鉄球では64.7%だから、それよりも弾性率は良かったことになる。

25°（94ミリ）振り上げに対しては18.8°（53ミリ）上昇で、41ミリ足りない。これは56.4%であって43.6%が失われている。失われる量が媒介数に関して一定率ではなく、エネルギーが大きいほど変換損失率が大きいらしいことが分かる。

つぎに変わった実験をしてみよう。

＜マグネット付加による実験＞

ためしに第1群先頭にマグネット（15φ×5/0.35T/2.6kgw）を付け、打撃球を15°から放してみた。すると、驚くなかれ！　尻玉は15°を超え、24.3°まで昇った。

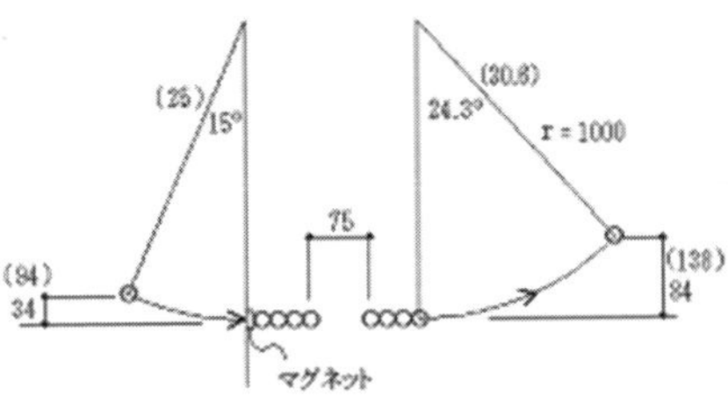

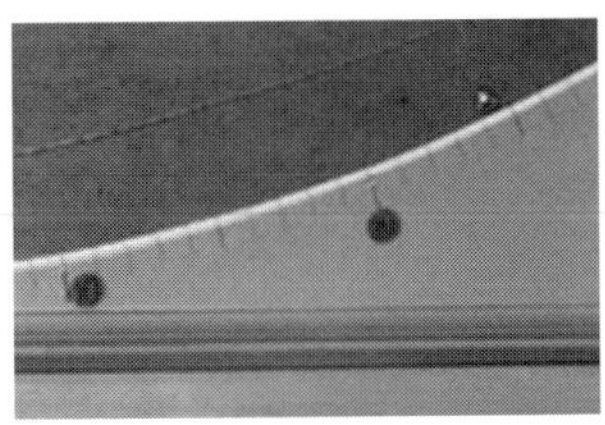

8

25°（高さ94ミリ）落下では

30.6°（138ミリ）上昇であった。

まず**通常実験**について考察してみよう。位置エネルギーは m×g×h（これをmghまたはm・g・hと表示する）で表わされ、落差hに比例するから、“高さ”はすなわちエネルギーと思って差し支えない。mは質量、gは重力の加速度である。

15°（34ミリ）振り上げて放した玉から7玉経由で受け取った最後の玉は、

期待のｈ＝34ミリには12ミリも不足して、22ミリという結果を見せた。これは与えられたエネルギーの64.7%しかなく、35.3%が音や熱となって失われたことを示している。

完全弾性体の90%の弾性体ならば43%しか伝達しない計算になる。実験に使用した鋼鉄球では64.7%だから、これよりも弾性率は良かったことになる。

25°（94ミリ）振り上げに対しては18.8°（53ミリ）上昇で、41ミリ足りない。これは56.4%であって43.6%が失われている。

マグネット付加による実験については、

第1群にマグネットをつけると、15°（高さ34ミリ）からの落下で24.3°（84ミリ）まで昇った。落下始点よりなんと50ミリ高い位置だ！

これは失速分(エネルギー損失)を加味した22ミリを超え、エネルギー損失がないとした期待値34ミリより50ミリも高い84ミリまで達したことを示している。12ミリのエネルギーロスがなかったとしたら96ミリに達していたはずである。

振りあがった位置エネルギーは最初のｍｇ・34をｍｇ・50も超え、ｍｇ・84の位置エネルギーを持ったことになる。損失分の12ミリを補填した上で獲得したｍｇ・50すなわち62ｍｇという余分なエネルギーはどこから湧いたものだろうか？

同じマグネット付加で94ミリ落下からの上昇は138ミリで、落下地点を44ミリ上回り、これはエネルギー損失を考慮した94×(53／94)＝53ミリをはるかに超え、初期の位置エネルギー94ミリより44ミリも高い138ミリまで達したものだ。損失の41ミリ分(1図53－94)を補填した上に

ｍｇ・138－ｍｇ・94＝ｍｇ・44

つまり、ｍｇ・44＋ｍｇ・41＝85ｍｇというエネルギーをいずこからか得ていることになる。 ちなみに、玉を発射台から解放してからは一切手を触れていない。

第2群先頭にもマグネットを付加するとさらに上昇するのをみるが、省略する。

エネルギー貸借の原理

貸借の原理

――実験が示した物理

先頭に付けられたマグネットがもたらす活力とは何なのか？ このマグネットは落下球に対し何をしたのだろうか？

1　マグネットが働いたメカニズムとは？

運動力学的な見方によれば、振れ落ちてくる玉を磁力によって引き寄せようと、玉を加速したにちがいない。

観察したところ、落ちてくる玉からこのマグネットが引き寄せられるようには見えない。マグネットは後続する4つの玉たちを引き付けていて、この玉たちと一体化している。それ故、マグネットは落ちてくる玉に対して自らの4グラムという質量ではなく、4つの玉たちとの団結力によって4＋14×4＝60グラムの質量を持つ物体であるかのように振る舞い、14グラムの落下球をほぼ4：1の比で加速するのだ。

落下球がマグネットに当たる直前の運動速度を想像するに、まず間違いないのは玉の位置エネルギーｍｇｈの変化である速度 υ と、マグネットの引力により加速される未知の速度 χ との和になっている。衝突直前の玉のエネルギーは

$$\frac{1}{2}m(\upsilon+\chi)^2 \quad \cdots\cdots\cdots\cdots ①$$

に違いない。この玉は初群の玉の先頭にくっついて止まり、代わりにこのエネルギーを最後尾の玉が託されて飛び出し[*1]、後群の先頭にぶつかる。仮に玉が完全弾性体(反発係数ｅ＝1)であるとするなら、飛び出した玉に託されたエネルギーは

$$\frac{1}{2}m(\upsilon+\chi)^2$$

のはずで、空気の抵抗を無視できるとすれば、それが第2群の頭を撃ち、実験によれば同群最後尾の球がアンカー（最終ランナー）として同様の速さで飛び出すだろう。このエネルギーもまた

$$\frac{1}{2}m(\upsilon+\chi)^2$$

のはずである。このエネルギーでこのアンカーがHまで昇ったとすれば、その位置エネルギーは$(1/2)\,m(\upsilon+\chi)^2$ と等しいのがエネルギー保存の法則だ。すなわち

$$\frac{1}{2}m(\upsilon+\chi)^2 = \mathrm{m\,g\,H} \qquad \cdots\cdots②$$

という方程式になる。これを解けば打撃球（落下球）が最初にマグネットを叩く速さχが求まるはずである。

$$\upsilon+\chi=\sqrt{}(2\,\mathrm{g\,H}) \qquad \chi=\sqrt{}(2\,\mathrm{g\,H})-\upsilon$$

υはマグネットを付けなかった通常実験から割り出されるところの

$$\mathrm{m\,g\,h} = \frac{1}{2}m\upsilon^2 \qquad \cdots\cdots③$$

（計算すると４.５×10^4 エルグ）の υ のはずである。これから$\upsilon=\sqrt{}(2\,\mathrm{g\,h})$、しかるに χ は

$$\chi=\sqrt{}(2\,\mathrm{g\,H})-\sqrt{}(2\,\mathrm{g\,h})$$

ここで実測値H_0は完全弾性体の場合のHに換算すれば、$H_0 = 0.647H$（P.１50参照）であると推測される。つまり$H = H_0/0.647$、すると加えられた速度 χ は

137.０4cm/sec と求まる。

あるいは、落下球がマグネットに当たるまでにマグネットが玉に与えたエネルギーE_χは

$$E_\chi \fallingdotseq (1/2)m\chi^2$$

$$= (1/2)m[\sqrt{}(2\,\mathrm{g\,H})-\sqrt{}(2\,\mathrm{g\,h})]^2$$

で[*2]、これは m＝14ｇ、$g = 980\ \mathrm{cm/sec^2}$、$H_0 = 8.4\ \mathrm{cm}$（実測値）、h＝３.４cmを用いれば、$E_\chi \fallingdotseq 13.3\times10^4$エルグという実験結果になる。なお、通

常での υ は

$\upsilon=\sqrt{(2gh)}$ から、81.6cm/sec と得られ、$\upsilon+\chi$ は218.6cm/sec にもなっていることになる。

以上は運動力学から見た考察である。

2　玉はなぜ落下高を超えたのか

これまでの常識は、落差ｈの打撃球に打たれた玉はベストの場合で同じ高さまで昇る、というものだ。もちろんこれは伝達率＝１(完全弾性体)で、空気の抵抗なしとした場合だ。そして事実、実験でもほとんどこの通りであった。

今回の実験はこの常識を覆し、撃たれた球のほうが打撃球の落ち始めた高さをはるかに超えることを明らかにして見せたものだ。

引き金を引くまではどの玉も静止していた。ただ初群の先頭にはマグネットが付けてある。もちろんこれも静止している。この静止している系から始まって、打球は打撃球よりも高くまで昇ったのだ。エネルギー保存の法則で云えば、どこからかエネルギーが湧くわけでも、消滅するわけでもないはずであった。

わたしが何かしたのだろうか？ 引き金を引いたほかになにをしたのだろうか？　つまり、法則が間違いないとすれば、位置エネルギーと運動エネルギーのほかに、諸君、何らかのエネルギーがこの系の中に潜んでいる――と考えたくならないだろうか。

運動エネルギーは最初の静寂があった場所――座標――に対して玉が動く運動速さおよびその玉の質量が関係している。

位置エネルギーとは、その質量が地球の重力に引かれている中を、いくらの高さまで打ち上げられるか、あるいは落下させられているかに関係している。すなわち、物体の質量と、質量の加速度の下で動いた距離である。重力の加速度はこの実験の全体を通じて不変であった(厳密には不変ではないのだが)。

これらのほかに、どんなエネルギーがあるというのか？ わたしはそこへ何かを付け加えてしまったのか？

付けたとすれば、あのマグネットだ。それにちがいない。では、それはどんなエネルギーだろうか。

さてマグネットというのは物を強く引き付け、あるいは斥けたりする。しかし、マグネットはエネルギーを造り出すことはなく、従ってマグネットだけで車両の走行など、連続して働かすことはできない。電磁石としてモーターを回すにしても、その仕事をさせるのは磁力ではなく、電流なのだ。電力の供給なしに列車を走らせることはできない。磁気はいくらかの仕事をする能力を持っているようだ。重力と似ている。

3　磁石の底ぢからはなぜ？

重力は落下によって仕事をした質量が再び持ち上げられなければ同じ仕事をしない。誰かが“再度持ち上げる”必要がある。

磁力も同じであろう。磁力は質量をではなく、磁荷を引き付けるが、このとき働いた仕事をもう一度させるには、磁荷をマグネットから引き離さなければならない。外部からその仕事をする必要がある。実験での落下球を、重力の加速度を超えて加速させたのは、そのエネルギーをマグネットが持っていたからである。その仕事を終えたあとにも、残されたエネルギーをマグネットは持っていて、付いた玉を引き付け続けているが、単独であったときよりも、マグネットは引きつける能力を減少させているにちがいない。同じ実験を繰り返すためには、わたしはこのきつく付いた玉たちを引き離さなければならない[*3]。マグネットをやっと単独にさせることができたとき、わたしはマグネットに対し(外部から)仕事をして返し、マグネットはそれだけのエネルギーを取り返し(回復し)ている[*4]。これはエネルギー保存の法則と並んで**“宇宙貸借の原理”**と呼ばれていいだろう。

4　宇宙貸借の原理とは？

実験を見てわれわれが驚いたのは、玉が持つ速さと重力場による潜在的エネルギー――これを“位置エネルギー”とわれわれは呼んでいた――との関係をわれわれはよく知っていて、その他のことはわれわれの念頭になかったからである。

わたしがいたずらを思いついて、強いマグネットを玉の前に付けてみたとき、もうひとつの潜在エネルギーを付け加えたのに違いない。それはどうやら磁気の力――磁界(磁場)――を加え、このため玉は磁場のエネルギーをも、持ったことだった。

通常よく見かける実験では、落下球にはそれがどんな質量であっても同じ重力の加速度が加えられ、自由になった玉はその加速度方向へ運動速度を速める。玉がその加速度の下に動いた距離、これは“仕事”という量を持つことをわれわれは知っている。つまり重力方向に落下した距離――これを実験では高さあるいは落差と呼んだ――は働いた仕事の量に比例することを考慮した。

この玉が地球に何をされたか、ではなく、何をしたかに視点をおくとき、質量ｍのこの玉はｍのつくる重力場方向へ地球を落下させようとしてその反力をうけ、地面のほうへ引かれるのである。

同様に、この磁性物質である鋼球は、マグネットがつくっていた磁場の中で磁気誘導を生じた磁荷ｑを持っていて、その磁場はマグネットの磁荷Ｑを玉のほうへ落下させるのである[*5]。2つの間に働く力はどちらも、ニュートンの力学的“作用反作用の法則”によって相等しい。4つの玉と一体に群れたマグネット群の質量は少なくとも落下球の4倍はある。裏を返せば、落下球の質量はその4分の1であり、同じ力を受けるこの玉は4倍の加速度を得るのである。

ところで、磁場から得た打撃球（落下球）の速度が先述の $\chi = \sqrt{(2g)}\,[\sqrt{(H_0/0.647)} - \sqrt{(h)}] = 137$ cm/secであるとしてよいだろう。すると衝突寸前の玉の速さは $\upsilon + \chi$ ということになる。$g = 980$ cm/sec^2、$h = 3.4$cm、$H_0 = 8.4$cmとして計算してみると、

$$\upsilon + \chi = \sqrt{(2g)}\sqrt{(H_0/0.647)} = 159.5\text{cm/sec}\ （イ）$$

になる。　これから137を引くと υ は22 cm/secにしかならない計算になるが、この式を適用するのは妥当ではないからである。通常なら $\upsilon = \sqrt{(2gh)} = 81.6$ cm/secであって、これに χ を加えると218.6 cm/secとなり、

これが真の υ＋χ であり、推測値(イ)の159.5 cm/secはその73%に当たるが、これはそれだけのエネルギー損失を含んだものとして容認できる値だ。

このエネルギーは何がつくり出したものかといえば、マグネットであろう。マグネットはマグネットの持つ潜在エネルギーの中から、少なくともこのエネルギーを玉に貸し与えたのである。玉は借りたエネルギーをあたかも自分が現実に持っていたエネルギーであるかのように、アンカーたる打球を叩いて最初に持っていた34ミリというエネルギーよりも高い位置まで昇らせたのだ。マグネットはこれに相当する分を、最初に持っていた磁力から減らしているはずである。

マグネットはこのとき貸したエネルギーをいつ、どのようにして回収するのだろうか。その答えはすでに前頁で述べた、「同じ実験を繰り返すためには、わたしはこのきつく付いた玉たちを引き離さなければならない。マグネットをやっと単独にさせることができたとき、わたしはマグネットに対し仕事をして返し、マグネットはそれだけのエネルギーを取り返している。」の中にあった。

マグネットはこのマグネットが製造されたとき、潜在エネルギーとして人為的に与えられた(貸し与えられた)。マグネットはこの借りた潜在エネルギーの一部を“また貸し”をして、顕在のエネルギーをつくり出して玉を引き寄せ、自らの潜在エネルギーを減らしたが、吸い付けた玉をわたしが引き離すというエネルギーによって返済をうけ、最初の磁気を取り戻している。高く打ちあがる玉にエネルギーを与えたのは、結局、このわたしだったのである。

これが宇宙貸借の原理だ。

5　宇宙自然保存の法則

これらの事実から推測するに、筆者は次のように思う。すべては借金から始まっている。

われわれは何かを約束することにより現金を借金することがある。この現金は銀行に預金することができ、このとき手元には何もない。しかしいつでも現金化することができる。出金した現金を払って物を買い、土地を借りて作物を育て、この自然からの恵みを現金化し、借金を返し、家を建てることができる。その家もいつかは朽ちる。

このようにすべての財産と負債を合計したものはゼロに帰する。宇宙もまた、宇宙が物質や“場”と呼ばれるものを持ったのは、それぞれ逆の性質——借金——を背負っての出現(実在)なのだ。

実在の物質[*6]が持つ“物質場”——重力場、磁場、静電場、幻子——はそれぞれ、それらとは逆の性質という負債を負って出現している。その負債を含めた総和はゼロである、と考えるのが正しいようだ。これこそが“宇宙自然保存の法則”であるとわたしは考えている。

6　万有引力とエネルギー保存

第2章ニュートンの運動の法則で万有引力について触れた。宇宙のもつエネルギーについて、宇宙に質量がただ2つ、すなわちMおよびmがある場合を代表させて考察してみよう。

Mが自身にもっているエネルギーを考える。Mに対してmがMの万有引力に起因するυという速度を持っているとする。そうして、Mからの距離を正方向として放射状に、Mに近い距離 $r = 0$ から $r = r$、さらに正の向きに増加し(遠ざかり) $r = \infty$ までを考える。

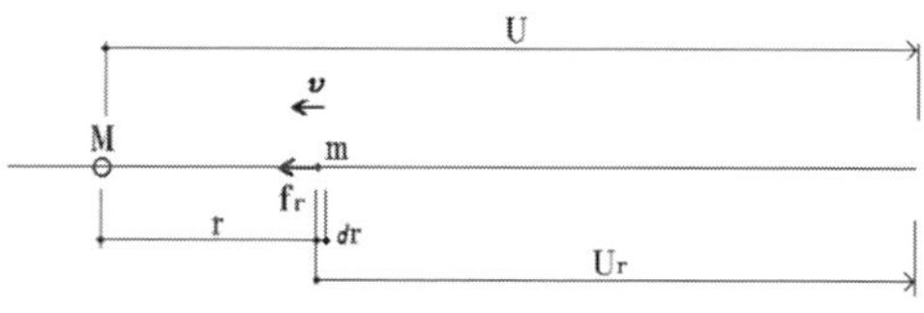

質量ｍである物体はいまMからｒの距離にあって、Mへ向かうυの速度をもっている。ｍは $r = \infty$ において静止していたものとしよう。

ｍは現在のｒから無限遠の∞までの間でMに対する位置エネルギー U_r を与えられている。この U_r を別名、宇宙エネルギーと呼ぶことにしよう。位置エネルギー U_r は消費され、今や運動エネルギー $(1/2)m\upsilon^2$ に変換されている。$(1/2)m\upsilon^2$ は今や U_r なる負債を負っている。この U_r を計算してみよう。小

さな距離drだけ戻すための小さな仕事dWは、力f_rと動いた距離ｄｒとの積で、

$$dW = f_r\,dr$$

このf_rは万有引力の法則から

$$f_r = -GMm/r^2 \qquad ①$$

一方、U_rはmをｒから$r = \infty$まで遠ざける仕事量に等しく、それは宇宙への仕事つまり返済であって、

$$U_r = \int dW = \int f_r\,dr = -GMm\int_r^{\infty} r^{-2}\,dr \qquad ②$$

この負債と運動エネルギーとの和はゼロであって

$$(1/2)m\upsilon^2 + U_r = 0$$

U_rは②の積分を行い

$$U_r = -G\,Mm\left[\frac{1}{-2+1}\,r^{-2+1}\right]_r^{\infty}$$

$$= -GMm\left(\frac{1}{-1}\,\frac{1}{\infty} - \frac{1}{-1}\,\frac{1}{r}\right) = -GMm/r \qquad ③$$

しかるに、

$$(1/2)m\upsilon^2 - GMm/r = 0 \qquad ④$$

(持っている運動エネルギー ＋ そのために返すべき負債＝貸借ゼロ)

これから、無限遠∞にあっては④式は

$$(1/2)m\upsilon^2 - GMm/\infty = 0$$

となって、無限遠では自ずと$\upsilon = 0$すなわち、mが無限遠にあっては静止し、運動エネルギーと宇宙エネルギーあるいはその合計ともがゼロということになる。これは前節で述べた「宇宙の負債を含めた総和はゼロである」という理論に一致する。

ただし、$r = \infty$であった当初、Mへの向きとは直角な向きの運動成分をmが含み持っていたとすると、mはMの周りを周回する運動として持ち続けると思われる。宇宙エネルギーからもたらされたmの運動は、運動エネルギーは不変なままその運動方向だけを――例えば小さな円軌道などを描いて――Mへの向きとは直角な向きへ変えることができる。こうして円運動に変えられ

た物体mの運動半径や公転角速度を推定してみよう。

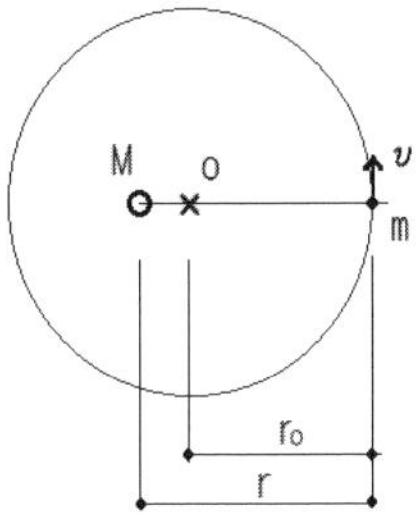

図のようにmはMを中心として、ではなく、正確にはMとmの重心ｏを中心として円運動をする。

mはｏを中心として公転の角速度 ω を持つ。必然的に、Mもまた同じｏを中心に同じ角速度 ω で公転することになる。本例は2点問題だが、複数の物体に関しても同様である。

mの運動速度 υ が宇宙からもたらされたものだとすると、④式から

$$\upsilon = \sqrt{(2GM/r)} \qquad ⑤$$

と与えられる。mがM方向へ受けている万有引力はGMm/r^2であろう。これはmが飛び去ってしまわないための求心力になる。これに対し、mがあくまで直進しようとする慣性力すなわち遠心力は

$$質量\,m \times 運動半径\,r_0 \times (角速度\,\omega)^2$$

で与えられる。角速度ωは$\omega = \upsilon/r_0$で定義される。運動半径は図で見るように、r ではなくr_0だ。それゆえ遠心力は$mr_0\,\omega^2$である。つり合い方程式としてはこれと万有引力GMm/r^2とが相等しい。すなわち、$mr_0\,\omega^2 = GMm/r^2$

これからω^2は

$$\omega^2 = GM/r^2\,r_0 \qquad ⑥$$

と得られる。

ところで、mがｏの周りにつくる遠心力とMがｏの周りにつくる遠心力とは釣り合っている（作用反作用の法則）。図からmのつくる遠心力は$mr_0\,\omega^2$、Mについては$M(r - r_0)\,\omega^2$

これらのつり合いは $mr_0\,\omega^2 = M(r - r_0)\,\omega^2$

これを解くと

$$r_0 = \frac{M}{M + m} r \qquad ⑦$$

が得られよう。公転半径は通常一定ではなく、エネルギー保存の法則の下では楕円軌道を描くことをニュートンは説明している。

脚注

＊1. 最後尾は4番目の玉であって磁束が減少しているため離れることができる(≧脱出速度)からだ。

＊2. 落下球の速さυに対し、実はマグネットと一体化した群も、υとは逆向きのわずかな速度を持っているはずで、この式ではそれを無視している。

＊3. もちろん、この状態のまま、さらに別の新しい玉を落下させ衝突させる別な実験をすることはできる。

＊4. ミクロに見れば、玉が引き離されるときマグネットの磁力をつくっている電子たちは、天邪鬼の性質から、引き戻そうとする向きに、今の磁界の向きに、さらに速く回転しようとする。これが磁力回復のメカニズムであると考えられる。

＊5. このとき玉に生じる磁荷qは、一定ではなくマグネットに近づくにつれて大きくなる。

＊6. 物質の“重さと大きさ”とは、人が持つ観念に過ぎない。重さは物理学的には“質量”としているが、この質量は空間に満ちている物質場が最も濃く集まった部分で、これはその性質(動きにくさと吸引癖)を極端に凝縮しているため、他の場が締め出されるように働いて、何かがそこにあるように思え、これを質量と呼び、物質が存在するかのように人類は理解している。しかるに物質たちは空間性質の濃縮物であるから、その大きさというミクロの寸法は存在しない。中心部から外周へしだいに弱くなる場の強さが顕著に変化するあたりを大きさ(ファンデルワールス半径)と定めているようである。

第6章　人類の限界

生物の進化

進化原理——生物学ＤＮＡ組成論

ＤＮＡとＲＮＡ

ＤＮＡとＲＮＡはともにヌクレオチドの重合体になる核酸であるが、両者の生体内の役割は明確に異なっている。**ＤＮＡ**は主に核の中で情報の蓄積・保存、**ＲＮＡ**はその情報の一時的な処理を担い、ＤＮＡと比べて、必要に応じて合成・分解される頻度は顕著である。ＤＮＡとＲＮＡの化学構造の違いの第一は「ＲＮＡはＤＮＡに比べて不安定」である。両者の安定の度合いの違いが、ＤＮＡは静的でＲＮＡは動的な印象を与える。人で云えばＲＮＡとは人の好奇心で、ＤＮＡは本人の人格にあたるようにわたしには思われる。

二重鎖ＤＮＡでは、2本のポリヌクレオチド鎖が反平行に配向し、右巻きの二**重らせん構造**。2本のポリヌクレオチド鎖は、相補的な塩基（A／T, G／C)対の水素結合を介して結合している。

塩基の相補性とは、A、T、G、Cの4種の塩基うち、1種を決めればそれと水素結合で結ばれるもう1種も決まる性質である。

進化とは

分子論的にみれば、進化とは有機体の各要素間がより都合のよい組み合わせとなることであろう。

有機体が極微にもつ遺伝子は、その具合のよかった組み合わせの通りに繰り返し、維持するプログラムシステムである。たとえばＤＮＡはそれを支えている。

一方では具合が悪かったために、ＲＮＡのように次の繰り返しの前までに壊滅するものもある。なぜ遺伝というシステムができたのだろうか。

“存在の進化”のマトリックス

組成 ＼ 相互力	場　幻子　素粒子　原子　分子	有機分子　有機化合物　細胞　生命体　社会　宇宙
性質の分離	幻子の形成	
相互作用と状態形成	幻子	
状態形成の結合	素粒子	
相互作用による状態形成の進化	原子	
環境・条件への適合進化(安定性獲得)	分子	
目的指向の発生		ウィルス　粘菌・細菌
物質に本能が生成(安定性・欠如部の補足作用)		細胞核の成立 動植物の進化 神経反応と光適性
認識力の発生・物質との相互作用(反応)		脳の形成と発達 臓器・機関との連合
欲の発生・現象への適合進化		学問・文化　文明の指向
自我の認識		自然界の自己認識の成立
自然の全性質の結合		神

遺伝や進化に“目的”はないとわたしは考えている。あるはずがない。すべては自然現象なのだから。まだ脳が形成されていない精子や花粉が、なにか壮大な目標とか野心とかを持って頑張っているとは思えない。うまく適合したものが生き残っていくものであろう。

治癒は生物個体自身が自己の意志によってなすことはできない。その“組織”が意志を超えたところの働きをするのだ。分子配列が“元通りに(予定された通りに)並ぶ”という性質によってである。

人間はなぜ学問をするのか

人はなぜ学ぶのか、つまりそれは宇宙の持つ本能であろう。その組織の細胞レベルが脳・神経であるとすれば、生命組織レベルで動物（脳と臓器機関との連合）を形成し、環境に対し能動的に働きかけ、それらが群れとなって社会を形成している。それが実際の環境にあって人類の現状があり、それが地球の現状である。

もし存在の進化のマトリックスが前掲の表のようであるなら、人類が存続する上では、もっと慈愛と高い精神性を持ち、もっといろいろなことに配慮が行き届くようになると想像される。それが人類のとるべき進化の道であろう。しかるに、もしも極悪非道な知恵がはたらき、専ら自己のためにのみ弱いものや年寄りを騙して、その生命の存在を脅かすような人物が現れるようになるなら、神は人類をいったん壊死させ、作り直しをするであろう。人類はそのことを予見し反省し、学び実践しなければなるまい。そのために人間は学問をするのに違いない。もしもこれらの収斂が神のコントロールによるものなら以下のようであろう。

脳がさらに発達してその神経反応の多様性と組織の厚みを持つようになって、自他の写像性――人の心理で喩えれば“思いやり”――が顕著になる。そして自身は公正を希求するようになる。一見公平に見える現代社会で、しばしばその自由主義がもたらす富や権力の集中がつくり出した社会格差、とは異なり、“収斂”は太陽のように他に恵みをもたらすものになるであろう。欲望の対象が変化してくる。すなわち価値観の進化である。他から搾取する結果でではなく、与えられて成長するものとなる。決して一方的な権力が行使される結果ではない。こうして全宇宙に与えられてきたことの成果の例に、われわれ自身が満天の宇宙に見る恒星（活動している重量天体）や天体たちがある。これを動かし、司るのは神の意志である。すべては物理の本性に根づいている。

物理学の壁

科学の本質

例えば真空中を光の進む速さｃは毎秒30万キロメートルと知られている。どんな科学理論でもこの光速の値は変わらず“ｃ”と呼ばれ、これ自身は概ね正しいであろう。2016年現在の最先端物理学において、“動きながら観測する者にも同じｃである”とされ世界中でその認識は正しいとされている。ただしこれは相対性理論に基づかれている。

しかしそうだとすると一般には、ｃ＋ｖ＝ｃという、理論上きわめて奇妙な矛盾が起こってくるのだが、このことをどう解釈したら＊よいだろうか。もちろん、相対論者はシンプルではなく奇妙で複雑な計算式を考案している。それは相対論式考え方から来ているから、外部からの疑義は通じない。合理的で厳格な議論は、相対論的に間違っているとされるから議論にならない。

世界的にもその奇妙な理論によって物理学が規定され、袋小路に落ちている。なぜそんなことになるのだろうか。幾人かの研究者によってこの題材について繰り返し疑問が提出されている。だがそれが物理学の根本にかかわる重要問題であるにもかかわらず、一向に再考されようとする気運が生まれない。

人類の発達史を振り返ってみるに、中世以前の人々の感覚は太陽と月は地球の東から昇り西に沈むととらえていたであろう。もっと以前には平たい地面の東の果ては崖になって陽が昇り、昼には真上に、夕には地の西の果ての崖下へ沈むと思われたという。もしわたしがその時代に生きていたなら、わたしもこれを嗤わなかったことだろう。コロンブスやマゼランやマルコ・ポーロが地球は丸く球形をなしていると証明してみせた時代にも、太陽と月、その他夜空に輝く星々もみな、自分たちの地球の周りを回っていると理解して疑わなかったことだ。これもその時代では正しい認識であった。今ではそれらは修正されている。

＊ この問題は　第4章「光速の法則」で　解決されている

認識と修正

発達してきた人類の知性はより正確な認識を学問（科学）として積み重ねるようになってきた。ところが知性は誤った認識をも積み重ね、展開させることもする。学位を得るために急いで書きあげられる論文の多くが、他の論文に新たに肉付けして展開するという手法を採っているためである。

誤りの発覚が必ずしも学論を壊さなくなったのはなぜか。これでは学問たるものの信頼性を損ねるものであろう。事実を見ようとせず、見ても既得の事実を見直そうとしないのがどうやら人類の性癖であるらしい。それがなされようとするときのことを考えてみよう。

権威あるいは権力と結びついた常識が変わることは、それら権威者たちに大きな惧れを抱かせるであろう。知識と社会の結合性についてみてみよう。権威にとって見直しは神通力の損壊である。人がいったん口にした主張を取り下げ修正するには、相当の度量の広さと勇気が必要である。失言の訂正は自己の利害を考慮して、利があるときにのみ行われるのが普通だ。権威はその現実性・実効性が常に正しいことによって強化されてゆくはずであった。換言すれば、都合のよいものだけが拾い集められてゆくと解することができよう。言ったことが間違っていることは権威にとってその神通力が損なわれることになるから自己存在のためには前言を翻してはならないのである。これは別見へ眼を向けてみるわけにゆかぬことを意味する。これが人の思考を停滞させる人間の限界であり、これを超え得たときやっと人類は一歩先へ進化するのであろう。

権威の圧力

わたしは光に関する矛盾を解決し、相対論の迷いを終息させるのがよいと感じ、いろいろと模索してきた。光速に関する論文を、物理学会やNature誌へ発表しようと試みたが、叶わなかった。わたしにとって、この困難は凄まじく、あと千年を待つ心構えが必要だろう。ことの重要性を提起するためにも、要点部分を日本物理学会へ提出しようとしたのだった。

光の速度に関し、現在ははなはだ不合理な仮定がなされていて、音波における「空気」のような、光における伝播媒質――エーテルと呼ばれる――は存在しないとされている。そして、エーテルは存在しないという前提に立って相対論が考えられ、そのあちこちで具合の悪い証拠が現れる。にもかかわらず、相対論は多くの科学者たちの間で、最高の物理学であると信じられているのだ。

論文(巻末参照)では、相対論に一言も触れないようにした。しかし身のまわりに見られる光に関する不思議と矛盾は、あのような奇妙な理論を立てても、すこしも解消するものではない。

実のところ、光速問題はアメリカのマイケルソン博士がすでに解決している。わたしが今回提出しようとした合理的な解釈に立てば、彼が生涯探していたエーテルはたしかに存在したのだ。マイケルソン博士が探し求めていたエーテルはこれである――論文の公表を通してマイケルソン博士がすでに見つけていたことを明らかにしたかった。

論旨を注意深くお読み願えたらお分かりのように、あらゆる不思議と矛盾は霧消する。このことが広く知られるなら物理学は正しい向きへ進むことが期待された。このひどく踏ん詰まった物理学が再び明るい未来に向かって、若い科学者たちによって打開されるためには、この梗塞から解放される必要がある。この問題はわたしたちの時代に現れ、存在するものだから、私たちにその義務がある。

すでに述べたように、相対論は蜘蛛の巣のように現代物理学の先端付近でこんがらがって、これを取り外そうとすることは容易ではない。学府内部に居る人たちよりも、外部に居るわたしのような者が比較的やりやすいだろうと思われた。内部の人がやろうとすると、免職になる惧れもある。現役の人にはなかなか難しいだろう。かといって、2011年5月19日、この論文を外部から日本物理学会誌あて提出してみたわけだが、遺憾ながら発表することさえ得なかった。

通説はなぜ改まらない

ぼくらの物理学は、解っているようで本当のところは殆んど解っていない。芥川龍之介も言う。

――「今人は少数の専門家を除き、ダーウィンの著書も読まぬ癖に、恬然(てんぜん)とその説を信じている。地球は円いということさえ、ほんとうに知っているものは少数である。大多数は何時か教えられたように、円いと一図に信じているのに過ぎない。

況(いわん)や更にこみ入った問題は全然信念の上に立脚している。我我は理性に耳を借さない。もし嘘と思う人は日本に於けるアインシュタイン博士、或いはその相対性原理の歓迎されたことを考えるが好い。あれは神秘主義の祭である。不可解なる荘厳の儀式である。何の為に熱狂したのかは『改造(月刊誌)』社主の山本氏さえ知らない。
我我の信念を支配するものは常に捉え難い流行である。」――

特殊な矮小群は独走しやすく、呑気な大群は機敏な適応力を持ち合わせない。特殊な理論の暴走例を挙げるとすれば、ビッグバン理論と特殊相対性理論を挙げられよう。通説化してしまった特殊相対性理論の論理破綻を外部から指摘することができず、また、指摘する者がいない。むしろ新提唱の方へ圧力がかけられることがある。

光より速いニュートリノと標準理論

2011年に名古屋大学など国際研究グループは光速を超えるニュートリノの観測結果を発表しようとした。スイス・ジュネーブ郊外の欧州合同原子核研究所(ＣＥＲＮ)の実験棟から約730キロメートル、イタリアの地下研究所まで飛ばされたニュートリノが、光より早く到達したという実験データが9月23日、公表された。その発表があってすぐ、実験は信頼できるものか？という反撃が出された。発表から2ヶ月が過ぎ、その後、より精密に調整したニュートリノビームによる再実験でも、やはり光速より速いという結果が出た(日本経済新聞11月24日夕刊)。

だが翌年ついに彼らはそれへの圧力に屈服する形になった。12年4月ごろになると、実験に接続不良が見つかり、光速を超えるニュートリノ観測値に誤りがある可能性が発表された。6月に予定されていた再確認実験の結果に関して、早々と6月の初め、ありきたりなプラグ・ジャックの画像を映し出したテレビ放送で、「その後超光速粒子はみつからない」と報道された。

そしてすぐ翌月の7月4日に、同じＣＥＲＮの別のグループによるＡＴＬＡＳ実験とＣＭＳ実験(両者は衝突点の設置位置を違えてある)から、「ヒッグス粒子らしい新粒子を発見した」として記者会見が行われた。

素粒子の“標準理論”によれば、16種類の素粒子に1種類のヒッグス粒子を加え17種の素粒子が存在する。この17個の素粒子により世界の物質とその間の相互作用が非常にうまく記述できることが実験から示されてきた。

その中で唯一ヒッグス粒子だけが実験で確認されていなかった。ヒッグス粒子は他の粒子に「質量を与える」と理論は説明する。ゲージ不変性を基本原理とする標準理論では素粒子は質量を持つことはできない。

7月探索の研究においてＡＴＬＡＳ実験は統計的有意度(何のこと？)5.９σ、ＣＭＳ実験は5.０σ の事象超過(何のこと？) を質量126ＧｅＶ付近に見つけた。12月までに取得したデータから研究を進めた結果2013年、結合定数の強さが標準理論と無矛盾であることやスピンパリティが0＋であるという示唆を得て「らしい」がとれて“ヒッグス粒子である”となった。

参照資料;　『ＬＨＣ実験　質量126ＧｅＶを持つヒッグス粒子の発見』　田中純一　東京大学素粒子物理国際研究センター

50年間にもわたって莫大な資金を投じながら進められてきたという理論を「光より早いニュートリノ発見」に優先させるために急いで「実験は誤り」と発表させる必要があったと疑うことは不適切であろうか?

ヒッグス粒子

1964年にピーター・ヒッグスらは標準理論に“自発的対称性の破れ”を応用することでローカルゲージ不変性を保ちつつ素粒子に質量を与えることに(*理論上)成功した。(*は筆者が加筆)

副産物として“ヒッグス粒子”と呼ばれるスカラー粒子――“スカラー”とは方向性を持たない、量だけのことを云う(筆者加筆)――が予言された。

さて7月4日発表の「ヒッグス粒子を発見した」とは何をどのような形で見

つけたのか門外漢のわれわれにはさっぱり要領を得ない。現物を写真画像で？ 軌跡を？ 何らかの歪み範囲を？ 画像で？ 捉えたのか？ 明確な証拠をわれわれは見ることができない。あるいは理論上見つけたのであろうか? ゲージ理論によれば素粒子は質量をもたないとしながら、実験質量を持っているらしい。物理としては曖昧な理論である。この理論へ実験値を当てはめながら、実際であるかのように理論を前進させている。相対論において相対論にたまたま合致する個別の実測値から相対論は正しいと主張するのに似てはいないか?

素粒子理論に云う16個までの素粒子の発見は、それが事実だとすれば素晴らしい業績である。だが、"他の粒子に質量を与える粒子"の存在について、それが物理的にどんな現象であるのか、筆者には疑問に思われる。たしかに現実で似たような現象として挙げることが許されるなら、次のようなことがある。

誰しも鉄片に磁石をこすりつけると鉄片が磁化するという体験を持つだろう。この現象をわたしは、磁石の磁界が鉄片を構成する原子に、極微の世界でマイスナー効果による超電導状態の反電流を生じさせ原子をその向きに整列させるものではないかと考えている。

わたしはまた、この効果あるいは似たような現象が極微の世界でも存在し、物体が互いに接触していなくても押し合ったり引き合ったりする機構＊を造っているのではないか、という考えを棄てることができない。これがもしかすると、素粒子論に云う強い力、弱い力の源になっているのではないかと。

ゲージ理論

素粒子の相互作用を四次元時空の座標上の各点(座標ｘｙｚｔ)で定義された場の量φ(ｘｙｚｔ)を測る任意の四次元時空座標系をゲージと呼び、この、どのゲージによっても物理量は不変である——これを"対称性"と称している——とする理論である。φをゲージ群のある既約表現として局所的に変換したとき，場の満たす運動方程式が共変的に変換する。このためゲージ変換で結びつく解は物理的には同一内容をさすとみなされる。この不変性を保証するため，隣り合った2点間のゲージを関係づける“ゲージボソン”と呼ばれるベクトル場が存在する。(ブリタニカ国際大百科事典の解説から)

喩えてみれば、ゲージ(物指の網でできた鳥籠のような空間)の中で飛んでいる小鳥を、籠をどんなに動かしながら観察しても、鳥が飛ぶ物理量(運動量や運動エネルギーや速度など)は不変である、というようなものであろう。

ところで、ぼくたちの新しい考えでのゲージ――空間――は絶対静止座標＊であって、すべての場のベクトル和であると見るから、これに対する各点の物理量として一義的に定まる。各粒子たちがそれぞれ自分の場を伴っているのであって、空間にボソンというような場が独自に存在するとは考えない。

ゲージ理論におけるゲージとは結局、ある種の座標系であって、全ての物理量が不変であることから“慣性系座標”と同義であろう。ほとんど数学的概念である。アインシュタインの言う光速はどの座標から見ても一定のｃであると考えたのは、そういった独立座標系から来ているものと思われる。実は“光速不変”には思い違いがあって、新しい理解によるなら、光速は任意空間に対してではなく、重力場に対してｃである＊とするのがより正しい。このｃの値も、重力場の強度に応じて不変ではない。

現在の素粒子論を展開しているゲージ理論は相対論を基幹としている。標準理論にとって相対論と矛盾する「光より速い粒子」は甚だ具合の悪いものであったろう。

＊『光速の法則』の項参照

体制の壁

現体制においては、新しい自然法則を公表するには困難がある。この際、人類の限界について考えてみたい。学問の発展が阻害されている原因を探ろう。それはこれまでの体験から次のように知られる。

1つに、論文の大抵は既刊論文を基幹としてその先へ展開されたものである。このような場合革新的考えの現れようがない。それは多くの文献参照から成っている。また、学説の可否はすでに学位を持った権威たちの判断によって決められるのが通例である。

それから、発表者としての資格は専門分野に在籍する者に制限されている。なにより、異端的な理論は担当教授によって排除されがちとなり、修士号・博士号の取得の上でも妨げになる。たとえ現代の学説が誤っていても、これへの対論は通常各分野で受理されにくい。その革新理論は誤っている定説と違うから“不採用”となる。先取理論は一時の天動説のように、たとえ誤論でも当面は優遇される。

それに加え、革新論にとって、これらの弾圧や抑制や冷遇からも自由に取り上げうるはずの出版界は、実はその活力や独立性に乏しい。さらに加えて、編集者による発表者の所属や身分への予断がなにより障害となる。

これらすべてを乗り越えることは至難の業だ。ギリシアの哲人、ゼノンは「自然は人間に一枚の舌と二つの耳を与えた。ゆえに話すことの二倍だけ聞け」と言うのだが。

ジャーナルの壁

わたしの実体験からお話ししよう。科学ジャーナル誌Ｐの場合は最終的に掲載を拒否した。思えばひしめくジャーナルの中から、物理学上の材料を、医学がメインであるＰに求めてくる人が何人いるだろうか。光速問題をここで漁る研究者がいるだろうか。ポケットからこぼれた物を、広い砂漠の砂の中から研究者の適切な目が見つけ出してくれるなど、満たしえない希望ではないか。そして現実には海外ジャーナルも偏見を持っていて、既得の権威者にへつらっていることが分かった。Ｐ社から一時的に受信した「あなたの原稿が我々の注目をとっていて…」からすると、話題になっていたことが窺われる。

それ以後の長い空白はおそらく、先生方のもめる論議で、これを公式化することについての科学界への影響が考慮されたために違いない。

また、この論文がいったん‘是’とされた証拠としては、投稿支援を賜わったＥ社から届いたメール「あなたの原稿が受け入れられるのを真に願っている」があげられよう。そこからは、だいぶ内容が理解されてきた様子がうかがえた

Ｐ社での動きは次のようであったと私は想像している。

1. 事務方は歓迎しようとしていた。

2. 専門家会議は、個人的には興味や賛意を持って――事務方が興味をもったのもこれが漏れ出たものだろう――いても、議決では多数派である保守的決議に陥ってくるのであろう。

3. ジャーナルに対して査読者が優位に立っている。査読は大学教授あるいは大学の退官教授らの副業として依頼されることが多く、多忙の合間を縫ってする面倒な査読はなるべく請けたくないのが実情のようだ。

4. 新提唱の不利

相対論は学者の多くが可として黙認している。これに対立する意見を認める評価をすると、自身の立場に影響しよう。個人的には理論に惹かれても、結局は表向き不賛成の意を表するもやむを得まい。

5. 反面、新提唱に反論できる専門家もいない。この心理的拒否反応に対して明確にこの革新理論に間違いのあることを指摘する研究者は、本論に限っても皆無である。そうであるなら、少なくとも発表すること自体に反対し封じ込めようとする行為は許されないはずだが、なぜ「否」が通ってしまうのだろうか。

わたしの感想を言うと、たとえ疑問のある説でも、明確な誤りがない限りはこういう意見もある、と紹介するのが筋であろう。説が正しいかどうかは読者に委ねたらよいではないか。学会誌とはきっぱりと独立し、刊行することこそが、ジャーナリストの使命ではないのか。

アカデミアの忠実な番犬と化したジャーナルにどんな存在価値があるのだろうか。ジャーナル会社において、著者との間には事務的な交信しかなく、事務的な流れだけで、哲学を持たない体制の内に原稿の採否が決まってゆくシステムを具体的に知ることができた。これではジャーナル誌に信頼をおくことはできない。

元々異邦人である私には英語が苦手で、英文を一読して把握することが困難である。ウェブサイトに表出された論文探しに、私は積極的になれない。一目して必要な文書を探し出せないからである。このことは私に限らず、世界の英語を共通語としない国にとって、資料源としてありがたいものではないことを意味する。もしその学説を知るとすれば、母国語に翻訳された書物が発行される時だろう。

権威の頑迷

J・ラウズによる興味ある『知識と権力』から、一部省略しながら引いてみよう。

《ヒューバート・ドレイファスとポール・ラビノウの見解》

――抑圧の仮説は、権力をもっぱら強制的、否定的、威圧的なものとみなす伝統のうちに深く根をおろしている。現実の受け入れの組織的拒絶として、抑圧の装置として、真実に対する無言の圧迫として知の形成を妨げ、少なくともそれを歪める。権力は真実を恐れるがゆえに、真実を抑圧せねばならない。権力は、危険な見解を支持する人物に対して行使されるが、権力を振るう人々の利害や好みに合致する見解をもつ人物を引き立てるためには控えられる。しかし、権力は新たな思想や知識を創造できない。権力の行使は新たな思想や知識を前提としており、権力はそれらを擁護したり抑圧したりするのである。ここでも中心となっている考え方は、権力と知識との互いの外在性である。すなわち、権力は、知識の創造を抑圧ないし奨励するために行使されるが、知識の創造それ自体は権力に依拠することなくされる。例えば、権力は科学に対して影響を及ぼすが、その内部には影響を及ぼさない。

もちろん、経験的にはこの主張は明らかに間違っている。人々が他の機関で他の活動に従事する場合と全く同様に、科学者はその活動の中で権力を用いる。政治的影響、キャリア形成、財政的制約、法的規制、イデオロギーによる歪曲などといった問題は科学においても生じるのであり、科学は結局のところ世俗的な配慮から完全に隔離されることはない。しかしながら、このような世俗的な関心や圧力による厄介な介入という問題は、「知識の一領域としてみなされる科学」と「権力の一領域としてみなされる科学」との間の概念的な区別を強調することによって哲学的には回避されている。――

もうひとつ、R・ウォリスほか九名の筆になる『排除される知』から同様に引かせていただきたい。

――個々の科学者が今日行なっている知識生産活動は、何ものにも影響されていない十分に確かめられた証拠のみに基づいて何かを推論する、といった活動**ではない**。信頼できるデータと一般的な洞察を手にするには、本質的に、その前提として莫大な量の背景知識を受け入れなければならない。この背景知識は、それぞれの科学者が、科学界の他の構成員や科学文献から獲得するのである。科学者はその一部をチェックするのが関の山で、残りの部分は正しいと仮定せざるをえない。最も専門的な科学者の判断に、ほかの科学者たちは従うのである。科学者が自分の研究分野での正統的な考えを疑い始めるや、彼は、自分はエキスパートの意見に挑戦しているのだ、ということに気づく。だが大部分の場合、他の科学者に何の印象を与えることもなく、その逸脱した考えは、簡単な批判だけで、無視もしくは却下されてしまう。自分の議論を印象的に展開する自信のない科学者は、努力もせずにやめてしまうであろう。――

真理への壁

見てきたように、人間社会が築いた物理学の壁は厚い。なぜ私は人類の物理学はここが終わりだなと感じるのだろうか。物理学がこの先へ進められるには異物である相対論が取り除かれなければならない。そしてそれはこれまでも困難であったが、これからも不可能に近いであろう。そのことを以下に証明しよう。

○相対論を見直す学者はまず現れまい。なぜなら、学者になるためには現体制の大学を経由(単位修得)しなければならない。“既存の学説は正しい”ものとして各単位を履修しなければ学士、修士、博士の学位を取得できず、それらの単位の1つである“相対論”は正しいとして取得することになる。

また、その指導教官はそのように取得してきて得られた博士とか教授とかいう身分の者であって、自分が立っている相対論に反する課題を研究しようとする学生を研究室に招こうとはしないであろう。

○定説とされるためには、学位ある査読者の評価に合格しなければならない。相対論に対立する学説を査読する資格のある者は、現在は相対論者以外には一人も存在しない。反対者の評価を得なければならないわけだ。これが不可能であることの自明な理である。

○いかなる天才が偏見のない評価を得ようとしても、現大学制度を経て発表する者しか対象にされることがなく、受理さえされない。すなわち、いかに優れた論文でも、学外者からの提出物は審査の対象にもされないことになる。

○相対論に対立する提唱をするには現体制の外からアプローチする者でなければありえず、ところが、前述のとおり外部からアプローチする者を現物理学界は受容しない。

以上が、実績主義の「科学技術」と比較した「物理学」の大きな違いだ。技術界にははるかな未来があるのに対し、査読制度にこだわる物理学なる“学問”には、未来がない。ニーチェも言う「脱皮できない蛇は滅びる。その意見を取り替えていくことを妨げられた精神たちも同様だ。それは精神であることを中止する」と。

自然法則の発見さえ

論文審査の過程で、論文に付した参考文献や先行議論の少なさが指摘されることがある。だが、こと自然法則の発見に、先行論文が乏しいのは当然だ。これまでとは違う新しい見方、すなわち一番初めに気づいた理解、なのだから。

著作となる大方の物理論には理論の独自展開がある。独自といっても、それは誰か他人の提唱からの発展、あるいは確認であることが多い。それは当然で、大抵のものは指導教官の研究分野から引き継がれるというのが実情であろうから。大学の研究室とは、小さな独裁政権に等しい。もし違った研究をやりだしたら、その教官から締め出されるであろう。新しい論文の前に多くの議論がなされていて、多くの問題があるとすれば、それは“理論”だからである。それらすべての理論は、実は自然法則からの発展のはずである。法則の発見自体は物理理論とは根本的に異なる。そこに先行理論があるはずもなく、自然の性質である法則こそが理論の最初の出発点となるからである。自然そのもの、あるいは実験のあるがままの中に自然の摂理は潜んでいる。人類にとって最も大事にすべきものは実験観察であって、机上の展開ではない。

ところが、物理学者ゲアハルト・フォルマー（1943～）は『認識論』において「物理学的認識は主観的特徴と客観的特徴の2面を有する」と言う。本質的に、われわれの感覚器官ならびに思索能力の構造によって決定されるのである、とする。

彼は天体物理学者アーサー・エディントン（1882～1944）の“選択的主観主義”を紹介した。エディントンは物理学的認証について魚類研究をもって海洋での投網と獲物の吟味に直諭し、獲物は物理学の知識体系に相当し、投網（観測）は獲物を得るための思想的な装備と感覚器官に相当するとする。この見解に従ってエディントンは後年、基礎的な物性定数と自然法則を経験に依存することなしに導き出そうと試みた。（『認識の進化論』新思索社）

さて私は、物理学とは自然法則を人間が認識することであるとすることに異存はない。しかし、いかんながら自然の成り立ちの真実は、人の観測法や感覚によって左右されるものではない。たしかに観測は人間の知覚によって可能であるが、自然法則は生命の誕生以前から存在したものだ。

だから、物理学が自然法則に関する人間による理解であるとするなら、それが人の認知や主観によって変わり得るとしても、法則自体は不変なものであるとしなければならない。もしも物理学の中で物理に関する理解が2案あるとして、つまり主観の違いがあるとすれば、自然法則が変わるのではなく、物理学を再考慮する必要がある。“物理学”はともかくとして、物理は客観的であり摂理的なものということになろう。

自然法則の前に人類による理論はない。したがって自然の法則は至極シンプルだ。最初に生まれた約束に、複雑な高等数学が組み込まれているはずはあるまい。組み込まれるべき要素は、孤独なただ一つのこととして生まれるに違いない。この原始的な法則たちの複数が絡む現象、として自然的に発展しているシステムを分析し理解することが、学問であり物理理論であると考えられよう。それは法則のあとから学問として展開される。それゆえ、自然法則は最も単純なものである。

ニュートンの万有引力の法則、運動の法則、エネルギー保存の法則、アルキメデスの浮力の法則、オームの法則やレンツの法則、そして最も新しい“光速の法則”、みな言語の数行で表現しうるほどにシンプルである。すべて神(自然)が与えたものだ。したがって自然法則の発見あるいは発表には著作権が与えられることはない。法則は人類はじめあらゆる生物たちに与えられたものであって、しかも我々が知るように、人類が気付いた法則は人類史上にも数えるしかない。物理学はみなこれらの上に築かれ、発展する。

ショーペンハウエルの言葉を借りれば、

――ひとり真理のみが、たとえしばらくは認められずあるいは息をふさがれても、あらゆる時代を当てにすることができる。なぜなら、内からほんのわずかの光が射し、外からほんのわずかの風が通ってきても、ただちに誰かが現れて、真理を告知しあるいは擁護するからである。すなわち、真理はどれか一党派の意図から発したものではないから、いかなる時代にも、優秀な頭脳の持ち主はみなそのための闘士となる――

そしてわたしはその闘士の現れるのを待ちわびている。まさか私自身が天才であるとは思わないが、また彼は言う。

――天才をほかの頭脳の持ち主の間においてみると、それは宝石に混じった紅玉のようなものである。ほかの人々は、よそから受けた光を反映しているにすぎないが、かれは自分で光を放射している。…学者とは、多くのことを学んだ人のことであり、天才とは、何人からも学ばなかったことをはじめて人類に教える人のことである。――

次のことを心に刻んでおくべきだろう。

学論について

——科学論争における主張の正当性はもっぱらその根拠の合理性によってのみ評価されるべきであり、発言者の人種、信条、性格、社会的身分、門地、学閥、学位、境遇、財産によって左右されない。

競合する解釈が積み重なっている状況で、ある論理に関する解釈の多勢性、権威性を強調しすぎると、学問の真理性からは好ましくない結果が生まれるおそれがある。

この場合にも、そもそも学問は理論の真の真理性を希求するために行われるものである、という大原則を守ることで避けられると考えるべきである。

第7章　現在における謎

疑問と異論

2014年3月ころ、Ｉさんからお手紙を頂戴した
――「M.Y. さんからの“ビッグバンに提起された120億光年かなたの光はどのような経路を経てきたのか”については、自分はこう考える。
光が自由に走ることができる宇宙の晴れ上がりのとき、宇宙は銀河系銀河よりずっと大きかったようだ。将来地球ができる位置をその真ん中ぐらいと仮定して、そのとき宇宙のあらゆる場所であらゆる方向に光が走り出し、将来地球ができる位置に向かって全宇宙から光がやってくる。その後も宇宙は膨張して行くが、近場から出た光は我々を通り過ぎ、遠い光は120億年経ったときやってくる部分の光を今捉えたことになるのだろう。(以下略)」

—❖—Ｉさんへの返信

私も数学は得意でもなく、好きでもありません。物理論議においても、例えば運動速度 υ_1 で動いている質量 m_1 の物体1個について、運動量は $m_1\upsilon_1$
別に速度 υ_2 の質量 m_2 があれば $m_2\upsilon_2$ でありましょう。運動エネルギーについては $(1/2)m_1\upsilon_1{}^2$、$(1/2)m_2\upsilon_2{}^2$ ということになります。
仮に m_1、m_2 が弾性衝突したのちに速度が υ_1'、υ_2' になったとすれば、運動量保存の法則は

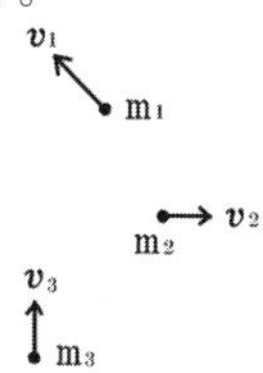

$$m_1\upsilon_1 + m_2\upsilon_2 = m_1\upsilon_1' + m_2\upsilon_2' \quad \cdots①$$

エネルギー保存則は

$$(1/2)m_1\upsilon_1{}^2 + (1/2)m_2\upsilon_2{}^2 = (1/2)m_1\upsilon_1'^2 + (1/2)m_2\upsilon_2'^2 \quad \cdots\cdots②$$

しかし m_1 と m_2 が衝突によって合体し速度Ｖとなったとすれば、運動量保存則は

$$m_1\upsilon_1 + m_2\upsilon_2 = (m_1 + m_2)V \quad \cdots\cdots\cdots③$$

でありますが、エネルギー保存則は、速度の2乗がベクトル量でなくなるために、必ずしも

$$(1/2)m_1\upsilon_1{}^2 + (1/2)m_2\upsilon_2{}^2 = (1/2)(m_1 + m_2)V^2 \quad \cdots\cdots\cdots④$$

とはなりません。なぜなら、1つの例でみますと、質量が同じで υ_1、υ_2 が互い

に速さが等しく向きが逆であるとき、合体後は運動速度はゼロになって右辺はゼロですが、衝突前にはどちらも$(1/2)m\upsilon^2$ というエネルギーを持っているのでその和は$m\upsilon^2$であってゼロではありません。衝突後にはそれがどこへ行ったかといえば、熱になったと考えられましょう。不等式となる一例があることは前後を等号で結んだ方程式は正しくないと言えます。

これらのことを3個の物体たちについて式を立てますと$m_1\upsilon_1$、$m_2\upsilon_2$、$m_3\upsilon_3$となって、総合した運動量Ｐは

$$P = m_1\upsilon_1 + m_2\upsilon_2 + m_3\upsilon_3$$

運動エネルギーＴは

$T = (1/2)m_1{\upsilon_1}^2 + (1/2)m_2{\upsilon_2}^2 + (1/2)m_3{\upsilon_3}^2$ と理論的にはなりましょう。物体を微小な粒子と見て、通常、粒子は多数ですから、m_1，m_2，m_3…を一般に m_i と名をつけ、ｉを1, 2, 3…ｎとしますと、と$m_i\upsilon_i$や $(1/2)m_i{\upsilon_i}^2$などと表記されますから

$$P = \Sigma m_i\upsilon_i$$

$$T = \Sigma(1/2)m_i{\upsilon_i}^2$$

と書けばシンプルになります。便利に表わせるわけですが、目には難しい数式に見えてきます。そうやって各粒子に波動関数を与えたものが量子力学というものでしょう。ボイル・シャールの気体の力学と本質的には同じで、確率論に過ぎないと思っています。これは数学にほかなりません。

数学は便利で、たとえば微分した導関数がやはり変化率を持ち、その変化率の変化率も同じ…というように、一階上の変化率がやはり同様な本体になるという便利な自然数e^xがあります。三角関数についても、正弦の微分が余弦になり、余弦の微分が正弦にと交互に入れ替わります。これも数学が見つけたものと言えるでしょう。

運動方程式をこのような波動関数として与えておけば、困難な微分や積分が容易になります。しかし、自然界の現象を波動方程式で与えたものは、正しく自然の動きを表わしているかと言えば怪しいものですね。これらは単純な統計力学であって、粒子間で互いに及ぼしあう分子間力がどうなるのか、

互いがどんな場の作用をし合うのか、その粒子がいまどこにあるのかは、まったく考慮されておりません。

ですから、方程式を変形していって、これに物理的な解釈を加えるという方法は、必ずしも自然を正しく理解したと同じであるとはいえないとわたしは考えているんです。

ビッグバンにはたくさんの矛盾が

ところで、120億光年の遠い星からの光はどのような経路を経てきたのか、と私が問いましたのは次のような事実があるからです。

2005年2月18日の朝日新聞に、《127億光年かなたの、生れて間もない銀河団がハワイチームによって観測された》というニュースが出ました。以下は、私のかつての筆稿から引用します。

――《すばる望遠鏡を用いてハワイチームが、02～03にかけて観測、くじら座方角127億光年かなたに、(質量100分の1からすれば)生れて間もない銀河団が見つかった。「赤く光る6つの銀河が直径300万光年の狭い範囲に集まる」という。

国立天文台や東京大などのチームが2月17日発表。宇宙年齢137億歳とするのが有力とされ、そうすると、「宇宙誕生から約10億年後の(若い)姿を捉えていることになる」》

という記事になっていた。これはどうも宇宙のビッグバン起源説に基づくらしく、宇宙年齢137億歳とすれば、127億光年の遠くにあるものは、宇宙誕生約10億年にして誕生した、今では年配者というわけらしい。

すると、妙なことになる。この考え方からして、いまだに天動説と変りがなく、宇宙の中心は地球であるかのようだ。宇宙年齢が137億歳だとすると、光速で膨張したとしても、宇宙の半径は精々137億光年である。発見された星が宇宙誕生10億年後の古い星だとして、誕生間もないとすると、127億年前に誕生し、そのとき、地球から127億光年も遠い彼方で生れたことになる。つまり、宇宙が誕生したころ、すでに現在の宇宙の端ふきんで、この銀河団は生れたことになる(現在図参照)。

これは宇宙のビッグバン説に、真っ向に矛盾する。127億年後に知った、「誕生間もない銀河」だとすれば、ビッグバンによってではなく、その中心から127億光年も遠い場所で誕生したとしなければ辻褄が合わない。つまるところ、宇宙はビッグバンによるどころか、宇宙のどこででも一様に誕生しうることになる。――

わたしがビッグバンを素直に受け容れることができないのは上記のことがその1つです。

観測された光は霧のような光ではなく、銀河団の姿が明瞭に像を結んでいるわけです。127億年前の銀河団の実体から出発した光を望遠鏡の像として見ているわけです。

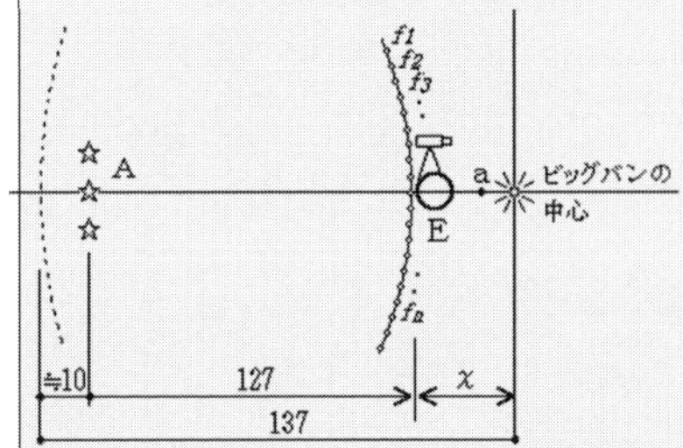

単位：億光年

アインシュタインは「光は光子である」とする。すると銀河団Aから出た光が１２７億年の旅をしてf_1，f_2，f_3，…f_nの光子群として私たちの望遠鏡まで到達した。光の出発時現在、銀河団から宇宙の果てまで約１０億光年である。

これが新聞記事に出た内容であろう。光子は１２７億年まえに星から出発したのである。

ビッグバンが正しいとすれば、１２７億年前に光を放ったときの星たちの位置はａあたりであろう。光子はどのような道筋を経てきたであろうか?

Ｉさんは120億年前から現代まで、ビッグバン初期にその星から光が出発したときの状態から現在までの図を、光がどこまで進んでいるかを含め1億年毎のコマ送りでキネマを描くことができますか?

現実に起こったことなら、それが描けるはずであるとＩさんもお思いになるでしょう？ 1億年毎が大変でしたら、10億年毎でも結構です。私には描けません。実際にそのキネマが描けましたらぜひ拝見したいです。

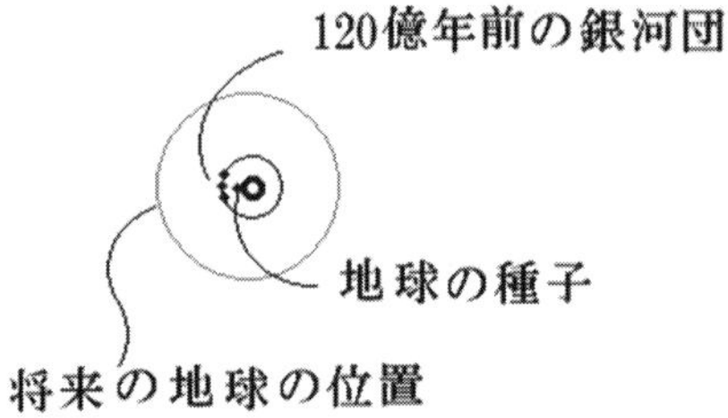

ひとコマ目　　ビッグバン初期(120億年前)

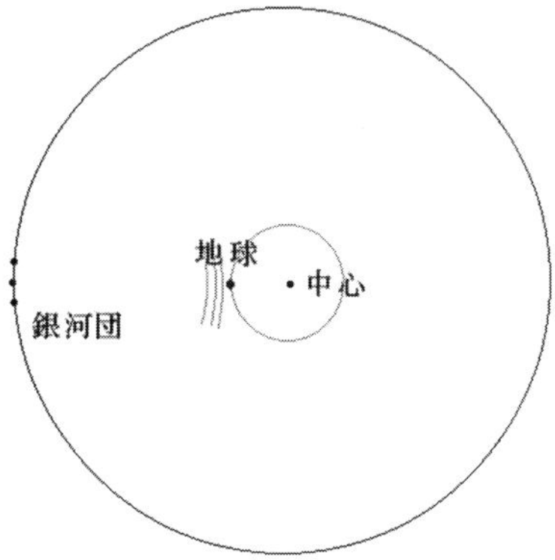

最終コマ　　現在

わたしたちの「光速の法則」はすでに詳しく考察しましたので、その明確な根拠となるMGP実験とはどういうものかについても併せて差し上げます。

ビッグバン理論に言う、宇宙の等質膨張によって(赤方偏移の原因とされた)ドプラー効果が生じるはずはない、ことも前にお話ししました。

わたしは物理をなるべく数式を用いない方法で理解したいと考えています。正直申しまして、フリードマンの方程式というものを学んでもいませんし、学びたいと思ったこともありません。空想ごとを数理論化することは危ないと思うんです。

また、アインシュタインの宇宙方程式というものを(一般に言われるように)“美しい”と思ったことは一度もありません。

これまでにも、物理論をお話していて、難しいと言われました。それは、一般には学業を終えたのちに数式に接する機会が少なく、また必要もないため、なにかの数式らしいものを目にしたとたんに、すぐさま「難解」と感じるためであろうと思うようになりました。それで、説明のできる限りは数式でなく図と言葉を用いて記述するように心がけています。実際、物理の正確な定量を求める必要がない限り、自然現象を言葉で表現しようとしているわけですが、そのほうがより正確に自然の成り立ちを理解できるように思うからです。

―❖―

ダークマター（暗黒物質）

ダークマターに関する疑問が寄せられている。わたしはあまり詳しく調べてみたことはない。ダークマターの正体の一部は幻子雲であろうと考えている。光は空間に重力場あるいは磁場がある限り波及しようとし、光速ｃで走ると考える。ついに重力場がゼロに近くなれば光としての振動は伝わらなくなり幻子雲となって波動は消える。この幻子雲を人はダークマターの一部として観測しているものであろうと筆者は考えるわけだ。存在の正体が謎めいているのはそのせいかもしれない。

ウィキペディアによれば、

――《暗黒物質（dark matter）とは、宇宙にある星間物質のうち電磁相互作用をせずかつ色電荷を持たない、光学的には観測できないとされる仮説上の物質である。人間が見知ることが出来る物質とはほとんど反応しないなどともされており、そもそも本当に存在するのか、どのような正体なのか、何で出来ているか、未だに確認されておらず、不明のままである。》とある。

その存在は《銀河団中の銀河の軌道速度における“欠損質量（missing mass）”を説明するために、1934年フリッツ・ツビッキー（スイスの天文学者）が仮定したものだ。

ツビッキーは、銀河団の全質量をその周縁の銀河の運動に基づいて推定し、その結果を銀河の数および銀河団の全輝度に基づいて推定されたものと比較した。その結果、光学的に観測できるよりも400倍もの質量が存在するらしいことが分かった。銀河団中の可視的な銀河の重力は銀河団の運動速度と軌道に対して小さすぎ、“質量欠損問題(missing mass problem)”として知られることになった。これらのことから、ツビッキーは銀河団を互いに引き寄せる十分な質量や重力を及ぼす目に見えない物質が存在するはずであると推測した。

暗黒物質の存在については、1970年代にヴェラ・ルービンによる銀河の回転速度の観測から指摘された。水素原子の出す21cm輝線で銀河外縁を観測すれば、ドプラー効果により星間ガスの回転速度を知ることができる。この結果と遠心力・重力の釣り合いの式を用いて質量を計算してみると、光学的に観測できる物質の約10倍もの物質が存在するという結果が出た。この銀河の輝度分布と力学的質量分布の不一致は銀河の回転曲線問題と呼ばれている。この問題を通じて存在が明らかになった、光を出さずに質量のみを持つ未知の物質が暗黒物質と名付けられた。》

さてわたしは、“ダークマター”などという物々しい呼び名はともかく、恒星として夜空に輝いているもののほかに、常温であるために光らない物質としてその何千倍もの天体たちすなわち質量があっても当たり前だと思っている。われわれの眼は闇では良く見えないが、蛍の飛ぶのを見て世界中に生物は蛍の数匹しかいないと思う者はいまい。

地上で一筋の光が目に届くまでに、その光が横切った地表ちかくの大気$0.0224m^3$ぽっきりのあいだにも6×10^{23}個もの分子たちが犇めく中を突き抜けてきたのだということを知らぬ人も少ないだろう。われわれには無の空間としか見えないが、空気でさえ、わずか2.7ccの空気の中に分子が10^{19}粒(1000粒の1億倍の1億倍)という高密度なのだ。眼でも望遠鏡でも、見えないから気づかなかったに過ぎない。

宇宙背景放射

黒体(black body)とは何かというと、あらゆる光を100パーセント吸収してしまう物質をいう。したがって、黒体には反射する光はなく常温では真っ黒に見える。もっとも、黒体は他から受け取った熱あるいは自身の持つ熱を赤外線として二次輻射している。

ビッグバンの残光だとされる黒体放射(宇宙マイクロ波背景放射と呼ばれる)もまた、宇宙最古の化石として存在する、という。これが見つかればビッグバンの何よりの証拠と考えられていた。

それがペンジャスとウィルソンによって、最初は正体不明の雑音として1965年に発見され、「宇宙マイクロ波背景輻射」と呼ばれた。ウィキペディアによれば、

――宇宙マイクロ波背景放射(cosmic microwave background (radiation); CMB、CMBR)とは、天球上の全方向からほぼ等方的に観測されるマイクロ波である。そのスペクトルは2.725Kの黒体放射に極めてよく一致している。単に背景放射（cosmic background radiation; CBR)、マイクロ波背景放射（microwave background radiation; MBR）とも言う。黒体放射温度から3K背景放射とも言う。

――CMBの放射は、ビッグバン理論について現在得られる最も良い証拠であると考えられている。1965年にCMBが発見されると、定常宇宙論など、ビッグバン理論に対立する説への興味は失われていった。標準的な宇宙論によると、CMBは宇宙の温度が下がって電子と陽子が結合して水素原子を生成し、宇宙が放射に対して透明になった時代のスナップショットであると考えられる。これはビッグバンの約40万年後で、この時期を「宇宙の晴れ上がり」などと呼ぶ。この頃の宇宙の温度は約3,000Kであった。この時以来、輻射の温度は宇宙膨張によって約1／1,100にまで下がったことになる。宇宙が膨張するに従って輻射は冷える。この背景放射がビッグバンの証拠とされる。

――CMBが生まれた後、いくつかの重要な事件が起こった。CMBが放射された時期に中性水素原子が作られたが、銀河の観測から、銀河間物質の

大部分は電離していることが明らかになっている(すなわち、遠くの銀河のスペクトルに中性水素原子による吸収線がほとんど見られない)。このことは、宇宙の物質が再び水素イオンに電離した再電離の時代があったことを示唆している。

ＣＭＢが放射された後、最初の恒星が観測されるまでの間、観測可能な天体が存在しないことから、宇宙論研究者はこの時代をユーモア混じりに暗黒時代(dark age)と呼ぶ。——

わたしにも言わせて

宇宙が冷え、水素イオンが原子核と結びついて水素ができると言ったり、再びイオンに電離していると言ったりと、自然科学としては節操がなさ過ぎないだろうか。

わたしにも言わせていただくと、まず、ビッグバンの原初の玉はどこから来たのか？ この膨大な宇宙の、この膨大な質量を宿していた原始の小さい玉、その最初の直径がパチンコ玉大であろうと、ピンポン球くらいあろうと、1メートルの直径であろうと、あるいはたとえ地球大であったにしても、そんなことは問題にならないほど超高密度な玉が、どこから現れたのかも不明のまま、そのビッグバンから始まるというこんな空想論から、厳密なはずの科学論を始めようというのは、どう見たって、何たる矛盾、何たる非科学であろうか。

人類とは何と頭の出来の悪い生物であることか。その証拠には、科学史に名を連ねる尊敬さるべき多くの科学者たち(ノーベル賞科学者さえ含まれる)が、真顔で進めていることなのだ。人間には理解できないような出来事を、最初の1回だけは認めた上で始めることに、そもそも、わたしは同意できない。科学論議の最初の基礎がきちんと存在しない。

3K背景放射について

赤外線(波長～10μｍ～)よりも長波(1～100㎜)であって熱を感じることはできないかもしれないが、宇宙に充ちている輻射波(黒体放射)は観測されることがあり、1965年に捉えられ“宇宙背景輻射”と云われたものはそれであるとわたしは考える。

3KのKは絶対温度の単位である。宇宙から来る背景放射の観測値が、ビッグバン理論から現在はこの温度になるはずと計算された数値2.725K（ケルビン）に近いというわけであろう。理論値が有効数字4桁まで算定されているにしては、実測値がこれに近いからこれがビッグバンの証明になる、というようなことを言っている。理論値はこれまで数転している。現在も観測値は方角によっていくらか違うであろう。もしその2.725という理論値がビッグバンの動かぬ証拠だと言うのなら、725まで観測値とぴたり一致するはずである。たまたまそれに近いから証明されたとするには無理があろう。第一、理論値は都合のよい値へ誘導することが可能であるに違いない。以前に予言された温度は3Kではなかったという前科もある。

わたしは、生じたばかりの星間物質が絶対零度ではなく、万有引力によって部分的に収縮を始めることで、空間にわずかな運動エネルギー(熱)が生じることがあっても当然であると考えている。

わたしの持論ではその最初を幻子であるとするものであるが、厳密には違うかもしれないとしても、似たようなものであろう。むしろ、全く静止するところの零Kという状態のほうが稀有な存在であろう。それが3Kくらいだとしても、不都合ではない。つまり自然発生的な星間物質の温度がたまたま3Kであることはあり得ることだ。もちろん、ビッグバン独自の証拠として決めつけることはできない。

熱と輻射

――熱とは――

“熱”に関してわたしはこう考える。体感的には、熱とは人体に感じる分子振動である。その強度は温度(単位;℃あるいはK)で測られる。
物理学的には、物体を構成する物質中の分子振動あるいは粒子振動であると考えたらよいだろう。つまり物質質量の運動エネルギーである。その強度は熱量(単位;カロリー)で測られる。運動エネルギーとしてはジュール(MKS

単位系；メートル，キログラム，秒）あるいはエルグ（ＣＧＳ単位系；センチメートル，グラム，秒）という単位となる。
発熱部を冷やすにはその振動を他の分子運動の静かな（冷たい）物質に触れて移し替えるとよい。
人体では分子振動が神経線維の中を神経伝達物質の反応や電気信号となって伝えられ、最終端である脳で「熱」と感じるものと考えられている。人が熱と感じ反応するのは人体反応つまり生命反応であり、分子生物学的反応である。通常、生体反応では、反応は伝導によると考えてよいだろう。

――輻射とは――

分子や粒子の運動は「場」に振動を生じさせる。質量や電荷や磁荷といった“物質”はそれらに付随する「物質場」を持ち、粒子たちの運動（振動）は必然的に物質場の振動を惹起し、かれらの場の中を波として伝わる。これが輻射である。それ故、輻射は空気中あるいは真空中を伝わる。
現代の知見――少なくともわたしの考え――では、重力場は振動しない。なぜなら質量は質量の現存在において、つまりエネルギー変換の行われていない状態では、増減しない（質量保存の法則）からである。ただし、わたしは質量の造る場を“重力場”とし、重力場でなく力を生じる場を“力場”と区別してよいと考えているので、もしその力場が存在するなら、その振動はありえると考えざるを得ない。その例として磁場や電場に結合している力場をあげることが出来よう。
ある空間からある距離をおいて存在する質量から及んでいるその空間ごとの場の強さが変動していたとしても、それはかれら質量からの位置による変動であって、重力場自体の局部自発的変動（振動）ではない。（研究者によっては重力波が存在するように云う人もいるが、わたしは今のところそれを全否定しない。）

またその場合、その空間に対して動いている質量がつくる重力場の変動は質量と共にあるものであるが、質量と同じ“運動”であって“波動”ではない。波動は場の局部的な高低差あるいは別種の場への変換作用として場そのものが起こしてゆく“相互作用の伝達”のことである、とわたしは理解している。

ある空間に質量が及ぼしている“場の運動速度”はその場を造っている質量の運動速度に等しい。そしてその空間における場の強さはさっき述べたとおり、質量の大きさとその空間から場の原因質量までの距離によって決まる。複数の質量によって構成されている空間での重力場運動は、それぞれの場の強さのベクトル和として与えられることは自明のことであろう。これは光速を決める基準となる静止場に等しい。これが「光速の法則」である。

輻射・吸収の本質

荷電粒子はその1公転によって1周期の電磁波を生ぜしめるものであると考えられる。

この電磁波は電場や磁場あるいは重力場の中を伝わり、その波が出会った物質を構成する分子あるいは原子あるいは素粒子たちを共振させ、すなわち熱に変わる。要するに、粒子たちを動かした相当分の電磁波エネルギーが消滅し、熱エネルギー（粒子運動エネルギー）に変換する。物質に出会って熱に変わるまでに空間の物質場を伝わる電磁波（光波より波長が長い）が熱輻射である。

——熱吸収と放射のメカニズム——

熱吸収と輻射はいかなるメカニズムで起こるのであろうか。わたしはこう理解している。光を浴びた物質の原子は外電子が元気になって発熱する(図1－上図)。これが熱なのだ。粒子の運動エネルギーはいずれ運動ポテンシャルを落とし(図1－下図)、その下落分は場の変動エネルギー分つまり電磁波になって発散(二次輻射)し、原子自身は冷却する。

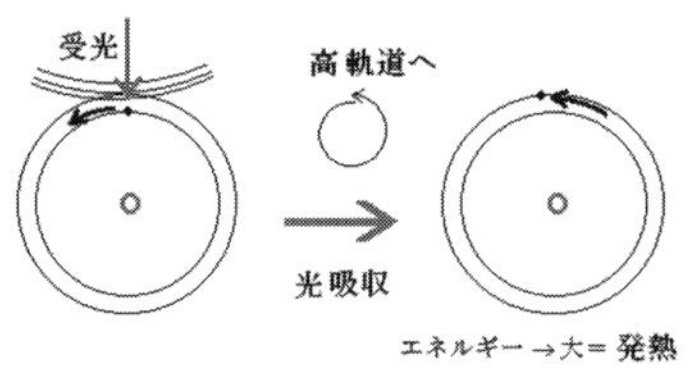

熱または光 吸収

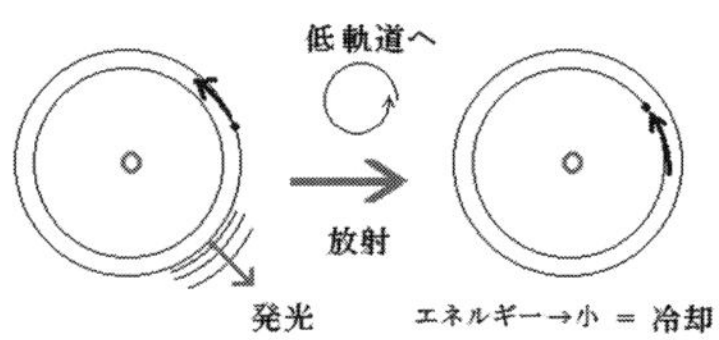

熱または光 放射

図1

これが黒体放射である。宇宙空間に存在するこの全ての熱平衡が宇宙の持っている背景放射である。わたしはそれがビッグバンの残光であるとは考えない。そうではなくて背景放射は宇宙空間から生じた場の振動エネルギーとして存在するものであって、これに相当する負債(負の場)が重力場と対を成す場として存在し、そこへ熱吸収され再び幻子雲になるというメカニズムになっているのではないかと、推測する。幻子雲が寄り合って重力場を形成するようになり観測されるものがダークマターの正体であろう、というわけだ。

――光とは――

さきほど考えたように、原子において外電子が核の側へ落下したとき電界の変化が起き、電界の変化は磁界の変化を引き起し、波動を生じる。したがって、電子に1軌道の落下（エネルギーの放出）があったとき、数波の電磁波を生じる（図1－下図）。（隣接する原子たちのいくつかはその衝撃に同調するかもしれない）

物質を加熱したとき熱線や光を発するのは、その物質を構成するあらゆる原子たちそれぞれが電磁波を出すからである。物質が輝くときの光は、原子たちが発する数波の電磁波たちの無数の群れとして、われわれには見えるのである。ちょうど、水面に生じている雨滴たちのつくる無数の波の輪と同じである。

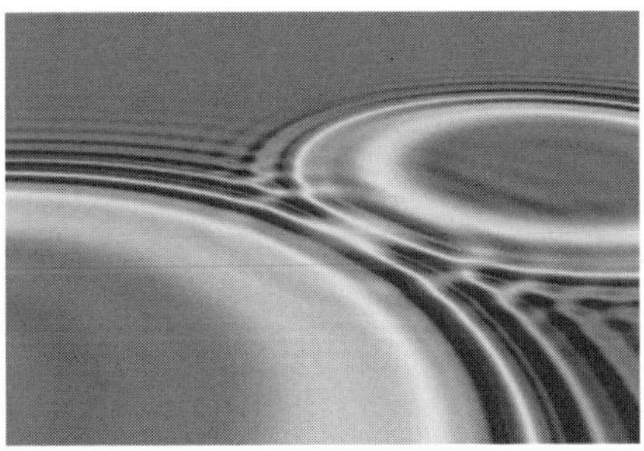

したがってそれらの電磁波たちの位相は個々ばらばらであって、われわれは多分にその山と谷の相殺された平均として見ている。決して1つの波形で連続に繋がっているものではない。それらの波の位相が山同士、谷同士となるよう人為的に揃えたものはレーザー光とよばれ、桁違いのエネルギーを持つので危険である。

わたしの物理学論考

天地創造にも法則は適用される

ここでは私の所感を申しあげましょう。

――宇宙がいかに誕生したかについては諸説あります。神による天地創造、…これは物理学で究明する範疇にありません。神学者には叱られるかも知れませんが、神は天上にましますというより、人間の想像物と言ってよいでしょう。しかし、人が神として畏れるのは、人智を超える何者かがこの宇宙にはあると直感しているからにほかなりません。

常に正しく、何者にも振れることのない、この大自然の決まりごと、自然法則あるいは、これを司っている存在のことを、わたしは神と呼ぶに相応しいものだと思っています。

人類は自然法則というものを、あくまで謙虚に受け容れる必要があります。われわれもまた、法則のもとに造られしものですから。

われわれの世界では、頭脳の優れた人が常に頂点にいるから安心していられます。しかし困ったことに、ときには固い絆で結ばれた、ある種の権力を持った先生たちが、権力構造に守られながら、ファリサイ派の人さながらに、神の自然科学の前に立ち塞がることもあるのです。

しかし、地上の人を父と呼んではいけない、と伝道者は申します。なるほど、まことに地上の父はよく過ち、過つと改めることがありません。面白いことに、二重の過ちを犯させるのは、権威とか面子とかが持っている性質そのものであります。はっきり言えることは、権威とは神から与えられるものではありません。人が人によって、彼らに都合のよい形式として、人に与えられるだけです。

神でないわたしたちは、いろいろな科学的対象に、自らひらめいたある考えのひとつを当てはめてみて、どの場合にも矛盾に陥らないなら、ある程度その見付かったと思われる規則性のことを、少なくとも当分のあいだ自然法則と理解しておいてよいはずです。その間、そうしてよいかどうかを、常に天に問うのです。間違えて権威に問うたばかりに、真実を教えてもらえないこともあるからです。

学界の諸説の中で、それは違うであろうと思われること――わたしが思うのですが――を挙げてみたいと思います。

粒子と粒子が出会って消滅する。そんなことはないでしょう。消滅したものがいかに再び存在し得るでしょうか？ “再び”でなくてもですが。“無同士”はもちろん、“消滅した同士”は、もはや出会うこともありますまいに。

また、粒子たちの片方の数が余って、消滅しない粒子として存在するものが宇宙を造っている。そんなばかなこともないでしょう。ではその余った分の粒子たち(幸せにもパートナーに恵まれて間引かれることになった粒子たちも、ですが)は、いかにして存在したの？ “存在の謎”は解かれていません。

最近のノーベル賞によれば、粒子たちに、あとから生まれたある種の粒子が質量を配る。そんなばかなこともあるもんですか！　他人に質量を与えられるほどの粒子が、いかに、なぜ、後になって誕生しえるのでしょうか？

ビッグバン宇宙誕生説。そんなこともあり得ますまい。銀河系の膨張・収縮や星の爆発なら分からぬこともありませんが…。

120億光年かなたの星が見付かったが、宇宙膨張理論によれば、ビッグバン初期の状態がその星の観察から看取できる。なるほど、今見えるのは120億年前の姿ということになるわけですが、現実的イマジネーションとしてはなんとお粗末なことでしょうか。では、いま望遠鏡で見えているあの星の光は120億年も前に星から出たはずの光で、そのころはまだビッグバンの中心付近にあったことになります。つまり中心付近から出たはずの光が、地球より120億光年も外側の外周付近(望遠鏡はその方角に向けてあります)から到達して見えていることになります。光はどんな経路を経てきたのでしょうか？

光速不変もまた、あり得ますまい。なぜなら、光はｃという有限な速さを持つと実験で観測されました。ｃという確かな値が得られたからには、それは何かに対する速さにちがいありません。その光がどこを走るのかも究めないで一気に“不変だ”とはあんまりです。なるほど地球は太陽に対し公転しているから、地上で見る光速は方向によって違ってみえるにちがいありません。そう考えるのはもっともです。

観測結果はどの方向でも光速ｃを示すことに驚いて、困って、とうとう超有名なある人の意見によって“光速は不変”と決められてしまいましたが、地球自体がエーテルを持っているのかもしれないと、そのときなぜ考えてみなかったのでしょうか？　エーテルが太陽に対して静止していると仮定できるのなら、地球に対して仮定してみてもよかったはずです。考えとしてはよっぽどそれが普通でしょう。そうしなかったのはなぜでしょうか。

不幸なことに、秒速30㎞もの公転速度を地球はもつにもかかわらず、光速はいつもｃの値を見せる、その理由としていち早く放言された“速い物は縮み”、運動速さによって“時間の進み方がちがう”という奇妙で非科学的な説明のほうが、いかにも面白そうで一般受けもしたからです。神ならぬ人間の悲しい性質のせいであります。正しい考え方はおそらく次のようです。

新しい見方

――光速を測定したマイケルソンが前提としてやったことを喩えて申しますと、χノットで走る船舶の上で玉を転がせば、船の進行方向とその逆向きとでは玉の速さは違うであろう、と予測したのと大した違いはありません。玉の速さがどの向きも同じであったことに学者たちは仰天していますが、陽が落ちれば暗くなるのと同じくらいに当たり前なことです。

実験台をどんなに頑丈に船の甲板に取り付けようと、台が水平な限り、玉の速さはどの向きでも変わらないのは船上の誰が見たってわかります。つまり、玉が転がされる媒質たる甲板は目に見えますが、地球が持つ光のエーテルなる重力場は見えなかったに過ぎません。玉にとっての甲板にあたるものは、光にとっては重力場であるのだと、ぼくたちは気づいています。

だとしますと、地球の重力場から離れた宇宙空間で、同じマイケルソン実験を行えば、その装置は太陽系に満ちている太陽の重力場に対して公転運動をしながら、こんどは間違いなく方向に従った光の相対速度が観測されるでしょう。膨大な質量をもつ地球の重力場とは違って、観測装置の周りにつくる自身の重力場は無いに等しい（万有引力係数はきわめて微弱なためです）くらいですから。

わたしはその検証実験結果の正否に一抹の不安と大きな期待をいだきつつ、

実験が実現されるべく望んでいますが、今のところ実行しようという動きは見られません。『アインシュタインの嘘とマイケルソンの謎』という書物はどの理系大学でも読まれたはずですが、ちっとも反応しないのは、このまま研究環境の安泰を維持したい学術界の、錆びつきを証明するものだ、と思えてやまないものであります。——

サニャック効果補説

マイケルソンによるＭＧＰ実験に類似した**サニャック実験**というものがある。これは、光は慣性系に対しての光速を持つ、という前提に立っている。

わたしの論文『光速の背景』の中で述べる論旨では「サニャック実験に述べられる主張とは無縁である」と明記してある。クリムゾンインタラクティブ社による投稿支援をたまわった際に、査読の先生から、サニャック実験について触れておくべき旨が提示されたからである。貴重なご意見であった。論文中の「サニャック実験云々」という挿入はこれに基づくものである。また、別の先生から、無縁ならなぜ載せるか？　とも指摘された。そこで、サニャック実験は本論とは無縁であることを一旦はご回答したものの、一般読者のためにも、誤解なきようＭＧＰ実験との差異を丁寧に説明しておく必要を感じ、次のように回答書を差し上げた。

——サニャック効果

回転するリング干渉計による1911年のHarressの実験と1913年のSagnacの実験は(その詳細を私は知りませんが)慣性座標に対し回転するリングに沿って、2分されてそれぞれ一周する光の、入り口から出口までの時間(実は距離)はリングの回転方向の光と逆向きの光とでは時間差(実は距離差)が生じる、というものです。これは当然です。

その効果についてのHarressによる説明はエーテルによると説明しましたが、Sagnacは慣性座標に対する回転として説明し、これが正しいとWikipediaは“Sagnac effect”で解説しています。

リングレーザージャイロスコープを例にとって、Sagnac effect によって光の正逆光路の間に±ωＳに比例する時間のずれが生じる、としています。

これら2つは共に、くれぐれも慣性系(慣性座標)に対する光速であるという立場にあります。時間のずれが生じるのは相対論に基づく効果であるとも説明されています。

今回の私どもの研究では、光は慣性空間に対してではなく、重力場(これを今回のmediumあるいはetherと呼んでいます)に対するものとして論考します。

したがって、リングは人為的に回転させる必要はなく、地球自身の重力場に対して自転する地球の回転要素からSagnac effect と同様な、周回距離差として干渉縞のずれを観測したと見るもので、上記Sagnac effect とは全く別の考察です。

光路差が生じるのは、光は波であり媒質の中を波となって走るからである、とする立場であり、従来の理論物理学とは明確に異なった立場で考察するものです。

光は慣性空間をではなく、媒質中を速度ｃで走る。その媒質はなにかを探るのが今回のテーマであったわけです。自然の観察事実のみを根拠とする、自然派の物理学です。

しかるに、本論では関係のないSagnac effect について、これ以上触れないことにしたいと存じます。本論では、本論に関係しない相対論にもまた、なるべく触れないようにしております。

ＭＧＰ実験――光のエーテルは重力場であることの証明
; the field is Ether of Light

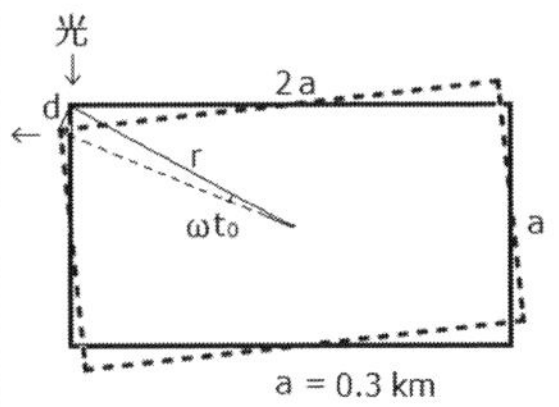	ＭＧＰ experiment $d = r\,\omega\,t_0$ $\omega \leqq \omega_0 \sin\theta$ ω_0; Angular velocity of earth rotation ω;　Angular velocity in Illinois

$d = r\,\omega\,t_0$　$\omega \leqq \omega_0 \sin\theta$　　ω_0；　地球自転角速度　　ω；イリノイでの同角速度

註）リングが受けている重力場は、地表付近でリングに近い地層の質量優勢のため静止に近い引きずり効果をうけ、これによりリング自転の相対角速度はいくぶん小さい値を示すと予想されます

光が一周するに要する時間 t_0は、図から

$c\,t_0 = 2(2a + a) = 6a$ km

$t_0 = 6\,a/c$

$r = \sqrt{[(a/2)^2 + a^2]} = a\sqrt{5}\;/2$

また地球自転角速度ω_0は

$\omega_0 = 2\pi/(24 \times 60 \times 60) = 7.27 \times 10^{-5}$ ラジアン/sec

イリノイ緯度 $\theta = 45^\circ$ だとしますと、

$\sin\theta = 1/\sqrt{2}$

以上から重力場に対するリングコーナーの移動量ｄは

$d = r\omega\,t_0 \leqq \left(a\sqrt{5}/2\right) \times \left(7.27 \times 10^{-5}/\sqrt{2}\right) \times 6a/c = 1.034 \times 10^{-10}$km

$= 103.4 \times 10^{-9}$m $= 103.4$nm

光路長は、右回りの光;$(6a-d)$

左回りの光;$(6a+d)$

光の相対速度は、

右回りの光; $c_1=(6a-d)/t$、

左回りの光; $c_2=(6a+d)/t$

互いの相対速度 $=c_2-c_1=2d/t$

両光の光路差 $\triangle=(2d/t)\times t=2d$

$=2\times 103.4\text{nm}=207\text{nm}$

これは標準波長605.8㎚の207／605.8＝0.34に当ります。つまり

$\triangle\leqq 0.34\lambda$

また、別の考察で、長方形を周長6ａの円環とみなし、その平均半径を2πr＝6aから r＝3a/πとみなした円環換算では0.29λを得ます。この例でもイリノイ緯度θ＝45°と仮定したものです。

すなわち光路差◿は

$\triangle\leqq 0.29\lambda\ (\max\ 0.34\lambda)$

つまり、緯度45°で0.29λ未満だと予言できます。

マイケルソンたちの観測で0.25λが得られています。

Sagnac's experiment――MGP experiment との違い

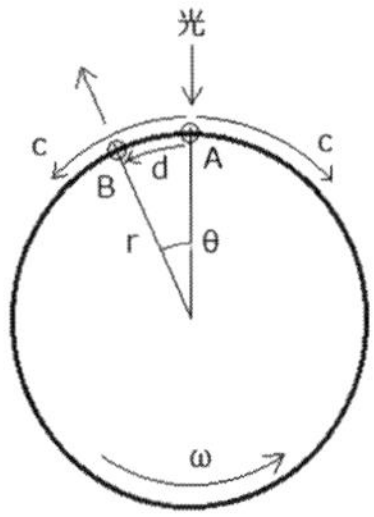

［A］

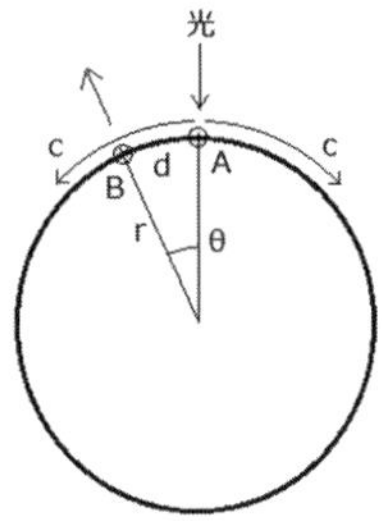

［B］

左図はリングが角速度ωで回転しており、右図のリングは固定され、回転していないことを示す図です。

回転している［A］図で光が1周するｔ秒間に光の出入口Ａはリングの角速度 ω のためｄだけ移動してＢに来ます。

$d = r\theta = r\omega t$です。

サニヤック流の考えでは、媒質が空っぽな慣性系としての実験ですから、リングが回転していなくても、出口を［Ｂ］図のように予めＢの位置に設けておけば、互いに逆向き同士の光には時間差は生じるでしょう。その時間差はおそらく左図のものと全く同じです。

これらはリングの運動いかんによらず光が要するゴールまでの時間は経路長だけで決まることを表わしましょう。二つの実験は全く同じものです。光の出口を光が1周する間に動かすか、予め設けておくかの違いだけです。

光の速さが慣性系に関しての速さなら、その系での距離が違えば時間差が生じるのは当たり前でありましょう。ここに相対論を持ち込めば、左の実験では相対論効果により時間が短縮しており、右の実験では時間の短縮はないはずですが、その違いを明確に観測されたのでしょうか。

リングがじっとしていれば両光は同じところから出てくるため、時間差も距離差(干渉縞として現れます)も生じないはずです。実際、サニヤックはリングが回転しているとき時間差ができる、と言っています。止まっているなら時間差は生じないというわけです。(慣性系とはその空間に加速度が作用していない座標系のことです)

しかし、実際にはリングが慣性系に対して止まっていても、地球自転に起因する両光の時間差(光の相対速度)を観測(ＭＧＰ実験)されます。光はなにかのメディアに対し光の速さを持つからにほかなりません。これは物理学上、基本的に重要な違いです。概念的な慣性系物理学と場の物理学との立場の違いです。どちらかが正しく、どちらかが間違っています。後継者たちはこれを明らかにしてから、その先の物理学を進めるべきです。ですから、「光速の法則」を発表することは物理学にとって重要なことであり、あとの論争は本論にとって、さほど興味の対象ではありません。

しかし、まだ私にも分からないことがあり、今後の研究者の方々にたくさんの課題が残されましょう。

物質誕生は相容れるか

宇宙はなぜ真空か

重力に関する一般認識は真か偽か

万有引力によって全てのものは一箇所に集められる――これを偽と考えることは正しいだろうか。

万有引力はきわめて弱い。例えばコップとコップに結露した水との関係を見よう。これらのあいだにほとんど働いていない。万有引力を式でいえば、

$$F = G \times 質量 \times 質量 / (相互間距離)^2$$

分母の距離を無限小にしてゆけば、力は無限大となりそうにみえる式である。

万有引力常数Gは

$G = 6.67259 \times 10^{-11}\ m^3 s^{-2} kg^{-1}$　（国際測地学協会1999年）である。

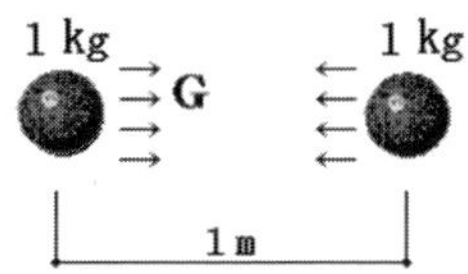

これは質量が各々1kg である2つの物体が1mの距離で引き合う引力を単位N（ニュートン）で表した値と等しい（ウィキペディア）。単位は、mは長さ1メートル、sは秒、kg 質量1キログラム。ベキのマイナスは逆数であることを示し、分数の分母に当たることを示す。だから10^{-11}は非常に小さいものであることを示している。

たとえば質量1000kg の物体同士が1m 離れて引き合う力は約 6.7×10^{-5}N だから、大体地表で6.8mg の物体に働く重さに等しい。1円玉の100分の1の重さよりも小さい。1kg の物体同士なら、その100万分の1だ。

わたしの計算に間違いなければ（表1）、1kg の鉛の玉はその半径が2.76cm になる。2つの玉は互いにおよそ5.5cm まで寄せることができよう。このとき2つのあいだに働く万有引力は2.2×10^{-3}ミリグラムの物体の重さに相当する。つまり、1kg の鉛玉2個を密着させたときにも、相互間には2.2ミリグラムのさらに1000分の1の重さしか万有引力は働いていない。水滴がコップに付くのは主

として親和力と水の表面張力による。引力の作用は無きに等しい。

磁力はどうかというと、磁石と鉄片とをそれぞれ指でつまんで、互いのあいだを1ミリに保持するのは困難なくらい磁力は強力である。気の緩む暇（いとま）もなく、二つはガチッと音を立ててくっ付いている。

一方、静電気を帯びていない鉛の玉を長さ1m の糸で吊し、同様に吊した別の鉛玉を1ミリまで接近させても、1ミリの隙間を空けて保つことができるほどに弱いのが重力である。言うまでもないが、万有引力とは、質量がつくる力場(重力場)のことである。

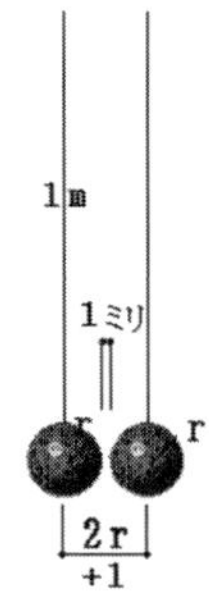

万有引力とは別に、近距離において働く「場」の存在が知られている。それらは重力場よりもさらに複雑な性質を持っている。

1つの例に、磁力のもとである「磁場」がある。もう1つは静電気力を及ぼす「電場」である。力学的作用のほかに、それらの場と場は互いに変わった作用をしあう。知られているところによれば、磁界＊(磁場と同義) の“変化”によってその周りに電界が生じる。磁場が存在するだけでは電場は生じない。

＊　筆者は「電界」や「磁界」のように「界」を、それがなんらかの作用を能動的に起こそうとするらしいときに用いることにしている。また、ここでの“電位差”とは電界の密度勾配を云うことにしている。

一方、電位差の“変化”によって周囲に磁界が生じる。同様に、電場が存在するだけでは磁場は生じない。なぜ、どのような仕組みでそれが起こっているかについては、わたしにも分からない。

場の種類に関しても、磁力や静電気力が必ずしも距離の2乗に逆比例するわけではないのと同様、最近の研究によれば、距離の3乗～6乗の逆数というように近距離で急速に働く場が存在するらしい。分子間力や核力の原因として説明されている。質量はそれぞれその周りに重力場を持っている。互いの場が作用しあう範囲に入ったとき、1つの質量は相手の場によって引力の作用を受ける。この仕組みの詳細についても、まだわたしは知らない。

空間に2つの質点――質量を持つ物体の体積を理想的にゼロとみなす存在点――があって、最初互いに静止していれば、万有引力によって互いに接近しあうような運動速度を持ち始めるだろう。引力によってその速さを早める加速度は互いの距離の逆二乗則(距離の2乗に反比例)に従う。したがって、互いに近づくほど加速度は大きくなる。

だが、質点はその体積が、つまりそれが球体だとすれば、相互間距離を決めるその直径が無限に小さいのだから、実際にはその内側に含まれる質量は高次無限に小さい。それゆえ、数学者を悩ませる、万有引力における“無限大問題”は存在しない。

質点と呼ぶものは現実的には点ではなく、いわば“団子”である。つまり質点とは、中心部ほど密度が高い重力場の団子である。わたしはその最小単位である場が初めて団子になる瞬間の状態を“幻子”と呼ぶことにしている。したがって、“幻子”は“場の源泉”とも“物質”ともつかないものだ。

2質点が互いに離れあう速度を持っている場合にも、引力によってその速度を減少させるような加速度を受ける。その加速度は互いの間隔の逆二乗則に従う。互いの運動によって間隔がひらいてゆけば、その加速度も逆二乗則に従い急速に衰えてゆく。もし間隔のひらく早さが勝っているなら、その運動速さを減少させようとする引力は急速に弱まってゆき、ついには残った速さで離れあう運動として永久に続けようとするだろう。その際、互いに相手からの脱出速度を超えている。

質点同士が近づきあう速度を持っている場合でも、その軸がずれているときには、質点は互いのズレの中間点に焦点を持つ放物線(もしくは楕円)を描いて速度を増してゆく。そうして、焦点に対する最接近点で最高に達しその後は互いに離れあう激しい速度を持って、互いの脱出速度を超えていれば、永久に離れあうだろう。

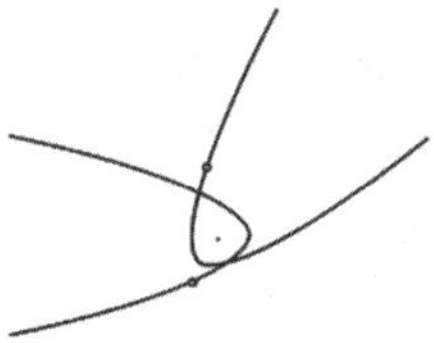

万有引力によって2つの物質が宇宙の一箇所に集められることは実に起こりにくいことなのだ。

宇宙でのガスの粒子運動速度がわずかであっても、あるいは、うんと静かにガスを袋から取り出そうとしても、それぞれのあいだの万有引力がなきに等しいために、その空気分子たちが互いに離れあう速さを減じさせて近傍に留めることができないので、永久のかなたへ散ってゆくのである。それが地球の近傍での作業だとして、ガス分子の運動速度が地球へ向かっているものは地球へ戻るだろうが、残りはどこかへ去る。しかるに、宇宙は真空である。

質量1000kgの物体同士が１ｍ離れて引き合う力は

$F = G \times 質量 \times 質量/(距離)^2$

$= G\ (1000\mathrm{kg})^2/1^2\mathrm{m}^2$

$= G \times [10^6\ \mathrm{kg}^2\mathrm{m}^{-2}]$

$= (6.67 \times 10^{-11}\ \mathrm{m}^3\mathrm{s}^{-2}\mathrm{kg}^{-1}) \times [10^6\ \mathrm{kg}^2\mathrm{m}^{-2}]$

$= 6.67 \times 10^{-5}\ \mathrm{kg\,ms}^{-2} = 6.67 \times 10^{-5}\ \mathrm{N}$

これを地表での質量Ｍの重さWでいえば

$W = M \times g\ \ \mathrm{ms}^{-2} = M \times 9.8\ \mathrm{ms}^{-2}$

これとＦとが等しいとおいて

$M \times 9.8\ \mathrm{ms}^{-2} = 6.67 \times 10^{-5}\ \mathrm{kg\,ms}^{-2}$

すると$M = 0.68 \times 10^{-2}\ \ \mathrm{g} = 6.8 \times 10^{-3}\ \ \mathrm{g} = 6.8\ \mathrm{mg}$

すなわち、６．８ﾐﾘｸﾞﾗﾑの重さに相当する。

☆

ところで、１kg の鉛玉は互いの距離を何メートルまで寄せられるだろう？

玉の半径が r だとすれば、もちろんそれは２ r であろう。その r の値を求めてみよう。

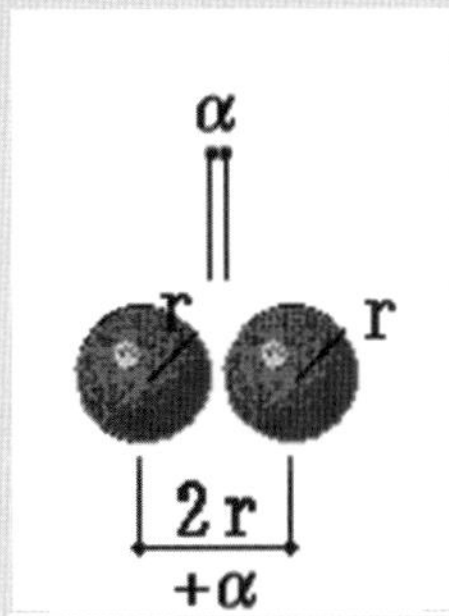

半径が r の球体積Vは

$V=(4/3)\pi r^3$

であるから、鉛の密度を ρ とすれば、玉の質量は

$M=(4/3)\rho\pi r^3$

質量１kg の鉛玉の半径は、M＝１kg とおいて

$r^3=(3/4)\ \rho^{-1}\pi^{-1}\ \mathrm{kg}$

鉛の密度が11.34g/cm³なら、

$\rho\ \mathrm{g/cm^3}=\rho\times10^{-3}\ \mathrm{kg}\cdot(10^{-2}\mathrm{m})^{-3}=\rho\times10^{3}\ \mathrm{kgm^{-3}}$

となって半径の３乗は、

$r^3=(3/4\times11.34)\times(10^3\ \mathrm{kgm^{-3}})^{-1}\pi^{-1}\ \mathrm{kg}$

$=(0.066)\times10^{-3}\ \mathrm{m^3}\ \pi^{-1}$

$\fallingdotseq(0.021)\times10^{-3}\ \mathrm{m^3}\fallingdotseq(0.276)^3\times10^{-3}\ \mathrm{m^3}$

これを解いて $r=0.276\times10^{-1}\ \mathrm{m}=$ **2.76cm**

このとき２つの玉たちのあいだで働く万有引力は

$F=(6.67\times10^{-11}\ \mathrm{m^3s^{-2}kg^{-1}})\times1\ \mathrm{kg^2}/(0.0276\times2\ \mathrm{m})^2$

$=2189\times10^{-11}\ \mathrm{ms^{-2}kg}=2.19\times10^{-8}\ \mathrm{ms^{-2}kg}$

重力($W=M\times g\ \mathrm{ms^{-2}}$)に換算してみよう。

$M\times9.8\ \mathrm{ms^{-2}}=2.19\times10^{-8}\mathrm{ms^{-2}kg}$

から

$M=2.19\times10^{-8}\ \mathrm{ms^{-2}kg}/9.8\ \mathrm{ms^{-2}}$

$\fallingdotseq0.223\times10^{-8}\ \mathrm{kg}=0.223\times10^{-2}\ \mathrm{mg}$

$=2.23\times10^{-3}\ \mathrm{mg}$

表１

幻子集団から素粒子へ

しかし物質誕生の謎についてよく考えてみれば、どの空間にも物質が生まれる場所があり、その意味では無ではない。なぜなら、宇宙のたった一箇所からでも幻子が発生したのだとすれば、他の箇所から発生し得ないと限定することはできないからである。

ではいかにして地球のような天体が生まれたのであろうか。

図1のAは互いに脱出速度を超えない幻子たちのグループである。小さな1つの点が1つの幻子を表わす。幻子が全宇宙のたった1箇所に生じたと限定する必要はない。1つが発生しうることは、別にも発生しうると考えなければ辻褄が合わないからである。

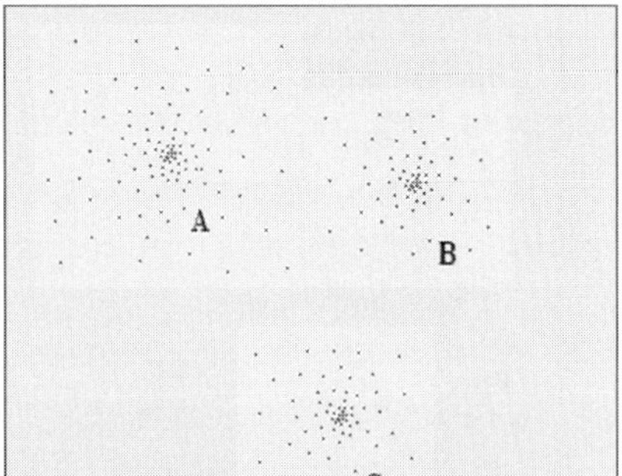

図1

同様のグループBが、Aのグループから離れた空間に存在する場合が考えられる。もっと間隔を置いてCなるグループの存在の可能性も認めなければならない。

幻子たちが無きに等しい引力しか互いに持てないにしても、ある接近した同士は互いに引き合う微力を持ち始める。そうして集合したものがAである。全体の平均的引力中心が、そのほぼ球体の中心付近にあるだろう。これを重力場の中心として“重心”と呼ぶことにしよう。Aグループの中心付近に重心がある。(重心近くの幻子は大きな速さを持つことが　P. 214のことから想像される)

A、Bの重心同士は幻子1個ずつの引力よりも大きな重力を持っているであろう。

つまり、AとBとは、互いにずっと離れた距離にあっても、互いの脱出速度以内の速度を持って存在しあうこともあり得るだろう。するとA、B、2グループは互いに引き合い、衝突し――といっても、共に非常に疎(まば)らな、ふかふか団子だから、幻子と幻子が正面衝突することはまず考えられない――互いにすれ違う際に、何らかのエネルギーを空間に放出し＊、うまくゆけば1個の団子に合体することもあろう。こうしてA、Bの合体したK_1という新たなグループ団子が出来上がる。当然に、A、B単独にあったときよりも、K_1団子の質量は大きい。

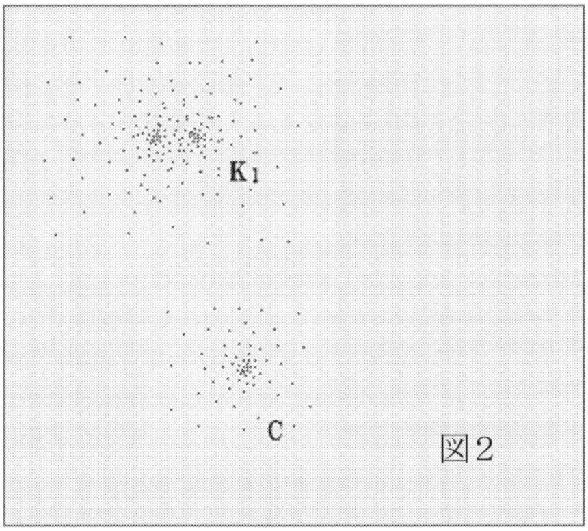

図２

質量の大きくなったK_1のつくる重力場は、より遠くにまで及ぶようになるだろう。すこし離れていたＣグループの運命はどうなるであろうか？

＊ここの「エネルギーを空間に放出し」というのを頭に留めておこう。この放出がない限り、団子が形成される原因つまり、2つの質点同士が拘束しあうことは起こらないはずだからである。

奇妙な論議

第5章 貸借の原理の6『万有引力とエネルギー保存』で、質量Ｍの物体からｒだけ離れた質量ｍの物体の運動に関し、エネルギー保存の法則は

$$(1/2)m\upsilon^2 - GMm/r = 0 \qquad ④$$

になると結論した。この第2項は宇宙から借りた“引力場エネルギーの返済”であり、質量ｍの物体をMからの位置ｒからｒ＝∞まで引き離すに要する宇宙エネルギーU_r相当分である。すなわち、mが無限遠からｒまで落下する（宇宙がなす仕事）という位置エネルギーがmの運動エネルギーに変換されたことを④式は物語っている。早い話、右辺へ移項して

$$(1/2)m\upsilon^2 = GMm/r \qquad ④'$$

と記せば直截である。だが一方では、④式から奇妙な問題が起こる。この式のmを約分すると、どの空間でも

$$(1/2)\upsilon^2 - GM/r = 0 \qquad ⑧$$

となって、これはmのいかんにかかわらずMの近くで“何か”がMへ向かって速度 υ をもち、この速度はMからの距離の平方根√r に逆比例(接近するにつれて)無限に速くなることを示しているではないか！　このことをどう見るべきだろうか。人によってはこんなことを言い出すかもしれない。——もしもMの周りでは“この空間速度が基準座標になる”と想定し得るとすれば、この座標で物体たちは“相対的には膨張する”ことになり、宇宙膨張理論に符合する——と。

だがぼくたちは以前、数学は必ずしも物理を正しく表わさないことを見た。物理的に得られた④式なる方程式で、共通するmを約分する、というように、方程式の両辺に、理屈なく等しい物理量(質量や速度や加速度や時間など)を乗じたり除したりする論理展開は、数学的操作に過ぎない“非物理”である、とわれわれは自戒する必要がある。

⑧式をさらに変形すると、次のようになる。

$$M = (1/2)\upsilon^2 \cdot r/G = \upsilon^2 r/2G$$

この式は、空間の何かが速度を持ち、質量保存の法則(M の不変)に拠れば $\upsilon^2 r$ は一定であると言えよう。あるいは「空間の速さが変化することにより質量が増加する」という奇妙な妄想をもたらしかねない。

実はυは質量m の運動速度であると最初に定義している。速度とは⑧式中に示されていないm の運動速度である。また、r＝0では υ は無限大となるべき式だが、第4章「重力場と空間」で見るように、r＝0近辺ではMの重心がどこにあるのか不明になる。畢竟、Mの引力によって公転する物体の速度は、その質量の大小によらず軌道半径 r で決まる、あるいは、軌道半径は運動速度により自動的に決まることを示している。

第8章　発展への試論

宇宙誕生の試論

1
宇宙とその物理

宇宙と生命

脱け殻を“無”の中に脱ぎ捨てて起こった“発生”という出来事。その抜け穴と発生とは同時に存在し、それらは悠久の時間の流れに乗り合わせます。

まことに現在、宇宙に満ちている絢爛たる物質や、それらが顕わす驚異の形姿は、たしかに現実の存在ではありますが、全てはそれより以前の宇宙の姿から変化してきたもので、一度も不連続な出来事は起こっていません。

それ故、これら全ての始まりという瞬間の時刻は不定であります。宇宙の全ての空間で、どこでも新しい組み合わせとして誕生し、元の組み合わせは、それと同時に消滅して新しい組み合わせの中に生きています。エネルギー貸借の原理に基づきつつ、その転生(物質の誕生)の際には、時間や空間という要素は存在しません。いわんや相対論にいう“宇宙に結びついた時間”といわれるものはそもそも存在せず、あらゆる変化の厳粛な前後関係が存在するのみであります。いいでしょう、われわれも、それを時間という概念で受け容れましょう。

1. 発生と自己

人は宇宙から生まれ、いつの間にか自意識を持ち、宇宙の巧妙な神秘を知り驚き、宇宙がどのようになっているかを認識するに至った。宇宙自身が自己を認識するようになったのである。

2. 生命

生物とは何者か？
生命は**物質発生**と宇宙の**自己認識**とを橋渡しする。

3. 人間と宇宙

生命は完成宇宙のミニチュア版である

4. 光

光こそが生命（いのち）である

生命の素（もと）は光にある。光そのものの変化（発電や磁場の生成や熱ほか）はもとより、物質の結びつきを促進したり変えたりして、植物や動物組織を芽生えさせ成長させる。光は神の息吹である。なぜ光は生命を育むのか？

5. 幻子論的わたしの概念

――これまで論考してきた結論からすると、人々が概念として持っている物質というものはそもそも存在しない。存在したのは“場”という空間を形成することになる原初性質の発生である。

――したがって物質誕生は不要であって、時間は存在しないし、必要でもない。変化だけが存在し、そのことと人の概念がつくり出した時間とは無関係である。

――原初性質（幻子）のサイズは、その“発生”の瞬間にその“場”が外縁で薄くなり、その作用の存在が不明確となるまで離れたところで、その場の持つ無限遠である、として想定されるだけである。

物質の元となる“場”は、他の場との相互作用から発生する場合と、無なる空間に光の通過などによって幻子として誕生し、あるいは未知の刺激あるいは状況によるバランス崩壊によって幻子として発生する、と想像している。

2
物質はいかに生まれたのか

質量出現の謎

前章のような推論によれば、グループ団子たちが合体するたびにそれらの重心の持つ質量は増大する。質量の増大は団子のつくる重力が大きいものになることを意味し、次第に引き締まってゆくであろう。

さて諸君、これが進化してゆけばどうなるであろうか。おそらくそれは、さらに著しく小さい粒子にまで引き締まってゆくだろう。こうして、あの素粒子の材料である微細な粒子となる……こういう進化が宇宙のたった1箇所でしか起こらないことだと、どうして限定することができよう。反対に、それは無数に存在し得ること、そして、重力場とは違う新しい場を生じたりしてその進化が進んだものや新しいものやらが公平な可能性を持って存在するのではないか。これらのことを生命の起源に重ね合わせてみるのも面白そうである。

ここまできてわたしは急に、電流の抵抗がゼロとなる超電導の空間のことを思い出した。場で満ちた空間での絶対零度とは、＋の場の和と－の場の和と穏やかにつりあい、揺れがない状態である、とわたしは理解している。電子はそこを滑らかに通り抜ける。場の釣り合った状態は静かに均衡しているが、“無”ではなくて、実は“存在”しているのだ、と理解する。

これは空間に“質量”が潜在していることを暗示している。質量の存在の起源すなわち物質存在の起源は、なぜその陰陽の場が生じたかに帰することになる。

もしそれを宇宙で最初にただ1つ出現したとすることは、それがそのとき無限大のサイズを持っていたことになり、そんなことは不可能に思われることから、否定されなければならないだろう。

物質ははたして実体か？

先ほど場の存在は物質の存在と同じであろうことをほのめかした。これまでのところ、われわれは「質量は重力場を持つ」と言ってきた。通常われわれが物質とするものは質量を持ち大きさがある。それがやがて大地を構成し、生物の体まで形作っている。そしてわれわれは自然科学によって質量の量は不変であるとする「質量保存の法則」を受け容れている。もっとも、質量はエネルギーに変わりうるという考えを、一般に持ち始めている。が、ここに当たって定義されるエネルギーとは、“形あるものではない”ことを特筆しておかなくてはならない。

天地創造が物質誕生と同義であるとすれば、天地創造の前後を比べても、質量保存の法則が適用されなければならない。――質量保存の法則が自然法則だとすればであるが――もしも宇宙の誕生が質量の出現に負うものだとするなら、法則を破ってその物質は出現しなければならないことになる。現代物理学の素粒子理論や、高エネルギー研究を基礎付ける理論や、ビッグバン理論も、質量誕生を説明することはできていない。どれも当たり前のように素粒子が存在していたところからしか始められていない。素粒子といえども、所詮、物質である。

物質の前駆体――見えざる現象としての存在

物質はいかに誕生したのか

一等最初にぶつかる矛盾が、かの「質量保存の法則」だ。その法則によれば、この宇宙が質量で満たされるという事実が夢ではなく本当のことだとすれば、この宇宙の誕生の前にも質量が存在していなければならないことになる。

すると、わずか1グラムの物質でさえ、無から誕生することには理性的な説明をつけることができない。

翻って、質量の存在の前がいわゆる物質ではないものに起源があるとすれば、物質の誕生は起こらなかったことになり、法則を壊すこともない。そこで、前にも考えたように、物質ではない存在、すなわち質量もなく大きさもない、いわゆる通常われわれが物質と認識している状態ではない存在こそが源泉なのではないかと推察してみてはどうであろうか。例えば、磁場というような“場”として存在したと考えるわけである。

仮に存在という概念が物質に限られるとするなら、そのときの物質以前の状態は“存在”しない、“無”ということになる。一番初めに“無”ではない、と言ったのはこのことである。物質誕生を説明する無の空間は、物質としては無であったが、現象としては何かがあった空間なのである。

してみれば、今のぼくたちの知識からして、物質とはこれまで物質として意識してこなかったもの、たとえば“場”と同じものなのではないか。そうして、新たに、ではその“場”はいかにして誕生したのであるか？　という疑問に置き換わる。

実はわたし自身にも、この段になると説明が見付からない。後世の研究に期待するばかりだ。しかしながら、ぼくらも、できる限りのところまでは推測を試みよう。

——物質は場と同じものである。

すこし前に、それを示唆する現象について、考慮してみたことがある。それを思い出していただきたい。

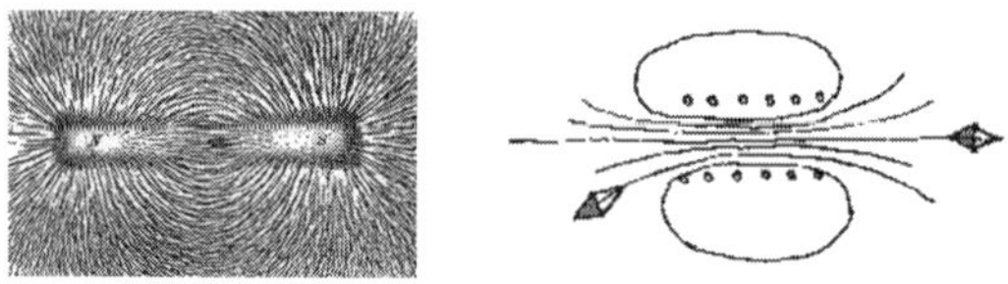

トイレットペーパーを使い終わると中空の芯が残る。これに導線を巻いて電流を流せば、どんなことが起こるかを論じた。棒磁石はいかにも磁荷と云う物質(物体)から磁場がつくられているかのように観察される。棒磁石というのは磁気を帯びた鉄の棒であるが、ペーパー芯に巻かれたコイルは鉄心を持たない中空な磁石となっている。その証拠に、その中空コイルは磁針を一方に向けさせ、磁性金属を引きつける。そしてコイルの巻かれた中空な磁石は、引きつけた金属をそのまま穴を素通りさせてしまうことができる。棒磁石という実体はなくとも、磁性(磁界という場)は存在することができることを、自分のこの目で確かめることができたのだった。

磁石の磁場も、コイルの磁場も、磁性体に力を及ぼし、電動モーターとして動力に応用することのできることはご存知のとおりだ。このメカニックの作動している間にできては消える磁場も、同じ性質の場である。磁場、電場、力場が盛んに相互変換しているところを、ぼくらは想像することができる。

磁場は見たところ“無”に似ているが、棒磁石という物体とも一体化するものであるようだ。では力場もまた、質量と一体化しているものではないだろうか？

わたしは、重力——この重力は質量が大きければ大きいほど大きく作用する——の極を作っている質量(先ほどの磁場に置き換えれば、磁場を作っている磁荷に相当する)とは、磁性と同様、重力場の凝集されたものである、と理解してよいものではないかと思われてくる。

3
物質誕生の種子から宇宙へ

性質空間の誕生

そこでさし当たって、質量とは重力場の凝集したものであると帰結される、としておいてみよう。わたしは“力”の作用する場のことを重力場と区別して“力場”と呼ぶのがよいと思う。質量のつくる重力場は力場の一種である。すると電荷のつくるのが電気力場、磁荷の作るのが磁気力場ということになる。

そこでもし諸君が賛成してくれるなら、親愛なる友人諸君、ぼくらは物質誕生の想像力を以下のように膨らませてみてはどうだろうか。

最初に宇宙は無であった。あるいは、すでに誕生していて無ではなかった――にしても同じであるが…、むしろ、そうでなければ一般性がない。仮にそうであっても、周りが無であるところから始めなければなるまい。形あるものはなにもなかった。そこへ、無である空間が生まれた。そこには重さのあるような抵抗物もないから形もなく、依然として物といえるものは存在していない。

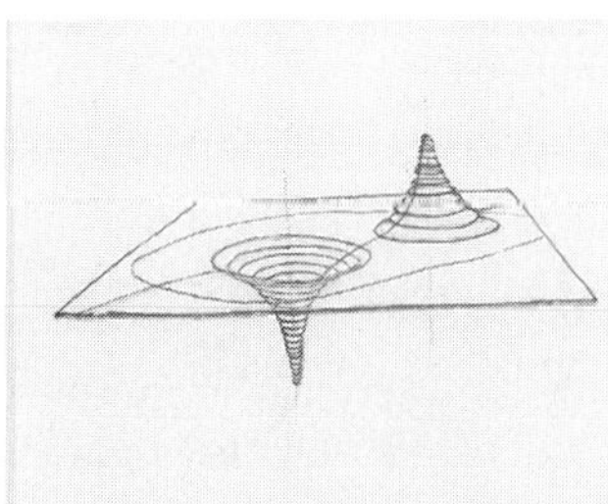

場の概念図

その空間は突如ほのかな変容を遂げて、ある性質が生じた。平たい板を叩けば凹む部分と、その凹みの代償に膨らんだ部分ができるように、相反する2つの性質が。それがどんなメカニズムで生じるのかは想像もつかないのだが…。

台風の渦

オリオン大星雲

その性質の1つは、空間に対して縮もうとするもので、他方はこれに抗するものである。その他方とは、片方の縮もうとする性質のほうが広く拡がっていて大きいために、その内部に閉じ込められた性質であろう。これら、性質を持った空間のことをとりあえず性質空間と名づけておこう。縮もうとする空間の性質を今仮にG と呼ぶことにする。G は漂っているうちに、自分と同様に生じたもう1つのG から何かの作用を受けるという宿命を負う。

縮もうとする性質の両者はその性質のために寄り合う万有引力の法則を形成し一体化した。このとき幻子(Fantrino)という微小空間に変わった。これをF と呼ぶことにしよう。性質がすこし濃くなる。

性質空間の集合と進化

F はいくつでも存在し得るはずだから、別のF と出会うたびにグループを成長させ性質を凝縮させていく。引力はごく弱いもので、ふわっとした球体になるんだろう。より凝縮した大きなものが小さいものをかき寄せる。しだいに凝縮してゆく幻子グループは脱出速度の問題から、それだけ運動速度の変化しにくい性質、“慣性”というものが顕著になり始める。

集合体は他の集合体と合併するたびに、ある決まった構造で寄り合うようになり、別な性質を生じつつより丈夫な結合体を形成していったのだろう。原始集合体は慣性を持った性質空間の凝集体、つまり、質量の性質を持つ。質量とは1つの性質に過ぎない。ある容積中のその強度のことを、定量的にその容積のもつ“質量”とする、と解釈するのが適当であろう。あとは現代物理学にいう“素粒子”へと進化を遂げる。

そう考えてくると、素粒子は粒から成るのではなく、ある性質を持つ空間が凝縮していったもの、ということになる。その正体を見究めようと近づいていっても、粒のようなものはなく、“何もない空間”を通り抜けて反対側へ出てしまう。あたかもあの、導線の巻かれたトイレットペーパー芯のように。そういったものである。そこには力場だけではなく、数種の場が絡んでいることもある。中心付近に吸引力を持った非常に密度の高いものがあると期待していたのに、その中心には引力がないのだ。ないどころか、なにか他の接近を拒む懲りのようなものがある。それは第2の近距離力場で、万有引力とは対極的な性質だ。

諸君はすでにご存知であろう、粒子には動きにくさと同時に互いに引き合う性質の広がりをもつものや、電荷を帯びたものや、その他の数種の素粒子などに進化する。動きにくさの量はいまや質量と呼ばれ、質量のつくる引力の場を重力場と呼ばれている。現在知られている素粒子は原子の原子核をつくる陽子や中性子へ進化し、たとえば水素原子の原子核を造ったりしている。

こんな風に天地創造を哲学すれば、無の空間から物質の誕生までごく自然に、連続的につながった宇宙誕生を説明することができる。

光の役割

かかる宇宙生成の過程で、光はいかなる役割を果たしてきたであろうか。すでに長く議論してきた通り、光は遥か宇宙を旅するあいだに、物質の種子を宇宙空間に振り撒いている。いや、刺激を与えていると言ったほうがいいかもしれない。光と、光の進む空間とは、互いに密接な関係を持っている。「光速の背景」という法則の理解なしにはこの先の物理学へ進むことはできまいとわたしは考えている。

光は幻子の元である場へ、きわめてわずかずつ自らのエネルギーを変換しながら振動数を減じてゆく。それは、遠く輝く恒星からの光が赤方偏移を起こす原因ともなっていて、減少した分の光のエネルギーをそれだけ宇宙の“場”——すなわち幻子Fantrino——という物質の元として蓄えていく。

宇宙には、均せばゼロに帰すような、相反する2様の性質を持つ場で満ちている。場の種類にもいくつかがありそうだ。それらは互いに作用し合って変容し、互いに負債を負い合って存在しているらしい。

第9章　論文　光速の背景

光速の背景
Background Regarding the Speed of Light

Author；M.Y.

Abstract

Although a medium that carries sound clearly exists, the question of the medium relative to which the speed of light is defined remains unknown.

This has led to various theoretical contradictions involving traveling objects.

According to the common understanding that evolved till the 20th century, the Earth is revolving around the sun at a speed of 30 km/sec. Light travels straight through empty spaces. Therefore, if this is correct, then we can conclude that the speed of light should change according to the change in direction.

Acceleration does not act when an object experiences continuous motion with uniform velocity; this is known as the inertial system. Many inertial systems with mutually different speeds may exist, and Newton's laws of motion are applied to each inertial system.

However, the value of the velocity of light measured in the laboratory was equal in every direction. This was impossible considering the common knowledge of the 20th century.

One scientist[*1] stated "the velocity of light is constant in every inertia system". This is the same realization as Newtonian mechanics being applied in every inertia system. But, as a matter of fact, a large misunderstanding was there. This paper solves the serious one.

In this paper, as a result of our pursuit of the medium through which light propagates, we discover a "law of the speed of light", and report the findings. If this theory is correct, it would have an impact on other research fields such as optics, GPS system design, the frame theory of moving objects and space engineering, especially on the "theory of relativity".

要約

音を伝える媒質は明確に存在するのに対し、光は何に対する伝播速度を持つものであるのか、その媒質はいまだに特定されていません。そのため、運動する物体に関する理論において、理論上の様々な矛盾が生じる曖昧が残されています。

――20世紀までに進化した常識によれば、地球は太陽を回っている。光は真空中を直進する。それなら光の速さは進む方角によって違いがあるはずである。常識はまた次のように導く。

物体が等速度運動を続ける空間には加速度は働いておらず、これを慣性系と呼ぶ。互いに速度の違う慣性系はいくつも存在し得て、これらの慣性系では各々ニュートンの運動の法則がそのまま適用される。

ところが実験室で測定された光速の値はどの方向でも等しかった。当時の常識ではありえないことだ。

一人の科学者[*1]は、ニュートン力学がどの慣性系でも成り立つのと同様、光速はどの慣性系についても一定であるとした。実はここに大きな思い違いがあった。――

その重大な一つを本論が解きます。

実際には光はどこを走るのかを探求した結果、私たちは1つの事実“光速の法則”の発見に至りましたことを報告いたします。これが事実だとしますと、他の光学の研究分野、ＧＰＳの設計、物体運動の座標論、宇宙工学等にも影響すると思われます。とりわけ“相対論”に。

1. Introduction

1．視点と指向

1.1 Consideration of the medium of light propagation

In 1887, the Michelson–Morley experiment (cf. 1.3) was carried out to confirm existence of the luminiferous ether. The interpretation of its result brought about the hypothesis that the speed of light is constant.

But, the concept of a constant speed of light and the conventional theory behind it seems strange to some researchers, the author included. This theory, extrapolated into special relativity (Einstein, 1905), states that elapsed time varies between reference frames depending on their relative motion.

In 1913, Georges Sagnac reported an experiment similar to the MGP(Michelson–Gale–Pearson) experiment[*2], which is a key to our paper. In Sagnac's experiment, the differences (or the so-called Sagnac effects) in the optical paths of two light rays traveling in opposite directions on a circular ring rotating with respect to an inertial frame were observed. This phenomenon is likely due to the same effect seen in the MGP experiment (a pipe-ring in which light travels is horizontally constructed on the ground to form a rectangle and rotated with the revolution of the Earth) in 1925; however, the explanation of Sagnac effects includes the concept of time dilation based on theory of relativity.

Our arguments are based entirely on real phenomena and are different from the explanation regarding the Sagnac effects, which are irrelevant to our paper. In the MGP experiment, the ring was not rotated. Yet, the two light rays that were split and aimed in opposite directions, making a 0.25λ difference between their optical paths; the times elapsed for these two rays were strictly equal.

On the contrary, the present paper was motivated by the attempt to study the true

１．１　光が走る場についての考察

1887年､光のエーテルを確かめるために行われたマイケルソン－モーレイの実験(ｃｆ．1.３)から、光速は不変であるという仮定がもたらされました。

しかし、これに添えられた光速の不変性とそのための従来の説明理論は、一部の我々には奇妙に思われます。そこに提供されているのは、運動体の観察対象ごとに経過時間が異なるとしています。これらは相対論(1905年, A. Einstein)的流れに拠っています。

また、慣性系に対し回転する円形のリングに沿って光が互いに逆周回する間に光路差が生じるとする実験と考察が１９１３年にGeorges Sagnac によって提出され、“Sagnac effects”と呼ばれています。これはその後行われた1925年のM. G. P. 実験[*2]（パイプが地上に長方形に組んで固定され地球自転とともに回転している）と同様な効果であると思われますが、サニヤック実験に関する近年の説明では相対論による“時間の遅れ”が加味されています。

しかし本論で論じるものは現実の事象のみに根拠を置くもので、サニャック効果の理由説明とは全く別な考察で、本論には関係しないことを付記しなければなりません。M. G. P. 実験ではリングを回転させていませんし、最初に分けられてから互いに逆行し、再会するまでに0. 25λという光路差を見せた光の両方にかかった時間は厳密に等しいのです。

これらの疑問に対し、真の光の性質を確かめようとして始めたのが本論の動機でした。この研究の立場は、あくまでも現実の現象と

characteristics of light. Here, we use purely basic physics, wherein we study the properties of nature on the basis of real phenomena or actual experiments; our research was induced by the MGP experiment.

For both inertial frames and non-inertial frames, we have based our analyses on conceptually constructed geometric frames to study these physical phenomena. But, frames cannot affect internal changes such as light. It is impossible to change the speed of ocean waves regardless of how fast a ship travels or any effort to make changes in the wave speed from the deck of the ship. The ocean waves occur as a result of the internal properties of seawater. Similarly, it is impossible to render a mechanical effect on light because light does not have mass. Modern physics assumes that physics depends on the conceptual frames created by humans. This assumption has led to strange hypotheses of time and space, leading physicists to cover the contradictions arising from them.

Therefore, we feel the need to take on a new perspective. This perspective takes the stance of understanding nature based solely on its phenomena. Instead of frames, there might be an interactive field wherein natural systems are driven. What kind of real space would that be? This paper reports a discovery of a real picture of nature—a law of nature—based on the above perspective.

1.2 Mysteries and contradictions in the pre-existing theory of light speed

Discussions regarding travel media for light have been addressed by the ether theories. It is generally accepted that ether does not exist. However, this conclusion carries some inevitable contradictions. I offer the following solution to this issue.

We assume that an absolute frame of light cannot be defined geometrically. In this method, a

現実の実験のみを根拠として自然の性質を究明しようとする純粋な“基礎物理学”です。その契機となったのがM. G. P. 実験でした。

物理的事象を、慣性系であれ非慣性系であれ、人が概念的に設定した幾何学的座標によって近年の我々は論考してきました。光という内部的変化に座標が作用することはできません。船を速く走らせてみても、船上でどんな努力をしてみても、海面の波の速さを変えることはできません。波は海水が作っている内部的性質から現れるものです。同じく光の伝播に力学的な力を及ぼすことはできません。光は質量を持つ動体ではないからです。人の概念である座標によって物理が左右されるものと現代までの物理学は思い込んできました。その結果、時間や空間に奇妙な仮説を立てて、そのために起こってくる矛盾を埋める作業に追われています。

そこで、それとは別に、今や新しい視野に立ってみる必要を感じます。この度の考察は、自然の現実の現われのみによって理解を進めてみようという立場に立っています。座標ではなく、自然界を動かしている作用場があるのではないか。それはどのような実体空間だろうか。この論文ではこの点に着目することで得られた自然の実態――自然法則――が見出されたことを報告いたします。

１．２　光速の謎と矛盾――在来論

光がどこを走るのかという議論はすでにエーテル論として尽くされたかに見え、媒質(エーテル)は存在しないとされています。しかしこれらはいかんともし難い矛盾を抱えるものと言わざるを得ません。このことに一つの解を与えるものとして本論を提出いたします。

これまで私どもが考慮してまいりましたと

contradiction is bound to emerge.

Where is the absolute space for light? This is the question that has concerned scientists; a contemplation of this question, which I myself have thought of as well, is presented as follows.

Consider a situation where I switch on a lamp inside a train in motion. If the absolute frame of light rests on the train, it can be said that the light speed c in the train is the absolute speed of light. This would mean that the speed of light for a person on the ground would be $c+ v$, where v is the train speed. Now, imagine that a person on the ground uses a cigarette lighter, which emits light. Would this light have speed $c+v$? The person on the ground would probably reply, 'This is not so. In relation to this lighter, the speed is c.' Consequently, the speed of this light would be, from my perspective on the train, $c-v$. The frame of reference for the light would be on the ground.

Would the reference frame of light be fixed on the object emitting light? If so, what occurs when this object travels at speed υ while emitting light? What would the speed υ be in relation to? Is the speed of light c a value in relation to an absolute rest frame? Or is c in relation to the object producing the light; in other words, is the object providing the absolute frame for light itself?

What is the object speed v relative to? If the object producing light holds the frame for light, this would mean light from the sun, light on the ground and light from the moon would each have a separate frame of light. However, this is contradictory. We know that all this light can be measured in the same way using optical instruments on the ground. Assuming that there is a single absolute frame for all this light, the possibility cannot be denied that Earth, existing in a galactic system, has a speed almost approaching light speed compared with the absolute frame of light. However, not even the slightest difference in light speed in any direction has ever been observed. So, where are the coordinate frames for light? Is the Earth that unique in terms of its existence?

ころによりますと、光の絶対座標は幾何学的には定められません。その方法では、決まって矛盾が生じます。従来科学者がこだわってきた光の絶対空間はどこにあるのか？　私自身もそうであった思索は以下のようでした。

走行する車中で私がランプを点けたとします。もし光の絶対座標が私の列車に静止していたとしますと、車中での光速 c は光の絶対速度でありましょう。だとしますと、地上の人にとっての光速は、 c に私の列車速度υの速さが加わって $c+v$ になるはずです。もし地上の人がライターを使ったため光を発したとしましょう。その光は $c+$υの速さを持つでしょうか？　彼は「そうではない、このライターに対して c である」と考えるでしょう。そうしますと車中の私にとって $c-v$ となります。光の座標は地上ということになります。

では光の座標はその光を発した物体に対して静止するのでしょうか？　それならばその物体がυの速さで運動しつつ光を放った場合はどうでしょうか？　まずもって、そのυとは何に対してでしょうか？　絶対静止座標に対する速さなのでしょうか。光はその絶対静止座標に対してなのでしょうか。それとも、光を産んでくれた物体に対して c、つまり物体自身が光の絶対座標でしょうか？

すると、物体の速さ v とは何に対する速さだったのでしょうか？　光を発した物体が光の座標であったとしますと、太陽の光、地上の光、月の光それぞれが光の座標を持つことになります。これは矛盾です。どの光も地上の光学機器で同じように観測できます。もし仮にそれらに唯一共通な光の絶対座標があるとしますと、銀河系の中に居る地球は光の絶対座標に対しほとんど光速に近い速さを持つ可能性を否定できません。ところが、方向による光速のわずかな違いさえ観測できていません。いったい光の座標はどこにあるのでしょうか？　地球はそんなに特別な存在でしょうか？

1.3 Field light travels

Inconsistencies have appeared regarding all the aspects discussed above and only deepened the mystery. This is due to attempts to determine solutions geometrically. After an in-depth consideration of the origin and true nature of light (i.e. From what is light formed? How is light formed?), the following solution arises

１．３　光が走る場

これら全てに矛盾が生じ、謎は深まるばかりでしたが、そのすべては幾何学的に決めようとしたからです。長い思索の末に我々は原点に戻って、光の素性(光は何からいかにして生じるのか)を考慮したとき、以下のようにして解決に導かれます。

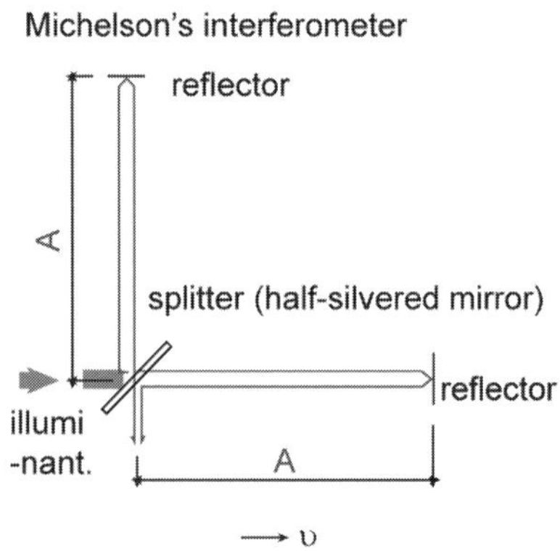

Figure 1

In the Michelson–Morley experiment (Figure 1), light traveling from a light source is divided into light reflected at 90° using a splitter (half-silvered mirror) angled at 45° and light that travels directly through the splitter. After both rays of light travel an equal distance, reflectors return the rays of light to converge at the splitter.

If the measuring apparatus has speed υ in relation to the frame (i.e., the medium) of light and the relative velocity of light exists in the x and y directions, then the interference fringes of the overlapping light should be observed to shift. The y arm was pointed towards the sun from a fixed point on the ground and the x arm was pointed towards the Earth's direction of revolution, as well as in all possible directions; however, Michelson's interferometer did not detect the expected shift.

Therefore, light speed is considered constant today, regardless of the frame of reference. As mentioned previously, this concept involves notable inconsistencies. As a result, an unreasonable hypothesis known as the Lorentz contraction

マイケルソン実験(第1図)において、光源から出た光は、45°傾斜したスプリッター(ハーフミラー)によって90°曲げられた光と、そのまま透過する光に別けられ、共に等距離走った先に置かれた反射鏡に反射して戻され、再びスプリッターで合流されるものです。

計器が光の座標(媒質(エーテル))に対して υ の速度を持っている場合にはχ、ｙ方向で光の相対速度が生じ、重ねられた光は干渉縞のずれを生じるはずです。地上でｙアームを太陽方向、χアームを地球の公転方向に向けた場合にも、またあらゆる方向について、マイケルソン干渉計はそのずれを検出しませんでした。

その結果、いかなる運動をしている座標にとっても光速は不変とされ、今も変わりありません。これはさきほど申しましたたいへん矛盾を持っています。それに答えるために「ローレンツ短縮(運動する物はその方向に縮む)」

(traveling objects contract in the direction of travel) is necessary in response to these inconsistencies.

Did Dr. Michelson fail? The answer, in fact, is no. A new perspective on this experiment considers that Michelson's interferometer, fixed to the Earth, was not traveling against the frame of light. The frame of the light was neither the etheric winds nor the sun. The true field through which the light was transmitted was not an empty geometric space, but a macroscopic gravitational field. The gravitational field was not that of the sun but of the Earth. Indeed, this is the 'background for the speed of light' claimed to have been found.

Dr. Michelson detected the undisputed fact that the ether is stationary relative to Earth's gravitational field. Therefore, this experiment was not a failure. Eventually, we should obtain definitive proof of this by detecting the relative speed of light in space.

という不合理な仮定を必要としています。マイケルソン博士は失敗したのでしょうか？　そうではありません。新しい見解では、地上に固定されたマイケルソン干渉計は光の座標に対して運動していなかったのです。光の座標はエーテル風でも太陽でもありません。真の光の伝達場は、空虚な幾何空間ではなく、マクロには重力場でありまして、それは太陽の、ではなく地球の、であったのです。これこそがこのたび見つかったとする“光速の背景”です。

マイケルソン博士が検出したのは、そのエーテルは地球重力場に対して静止しているという紛れもない事実でした。むろん失敗ではありません。われわれはいずれ、宇宙空間において光の相対速度を検出することによって、確たる実証を得ることができるでしょう。

2. Theory

2.1 The substance field

The above consideration makes us have a presentiment of that light is produced from the impact, heating and interaction of objects. Substances have gravitational, magnetic, electric and other fields which can be called substance-fields. Light can be considered as a vibration formed within the magnetic field. This might be summarized as follows:

Light is transmitted at light speed *c*, through a magnetic field at the microscopic level and a gravitational field at the macroscopic level.

Then, the velocity of background of light should be given as the sum of the velocity vectors of objects creating the gravitational field normalized by their ratios according to Newton's law of universal gravitation. However, it is reasonable to argue that light travels in a gravitational field after leaving the infinitesimal microfield.

It can be assumed that this gravitational field exists along with the movement of all gravitational fields from all massive objects. The field's travel speed is determined as a composition of all the

2.　理論

2．1　物質場

以上を整理しますと、光は物質の衝撃、加熱、相互作用から生れ、物質は“物質場”と呼ぶべき重力場、磁場、電場その他の“場”を纏(まと)っています。光はその磁場の中で、磁場の振動として生じるはずである、と考慮されましょう。すなわち、

光はミクロには磁場の、マクロには重力場の中を光速 *c* で伝播する。すると、その重力場の運動は重力場をつくる物体たちの運動速度を、各物体から及んでいるニュートンの万有引力則における万有引力の比で按分されたベクトル和として与えられるはずである。

しかし、極微のサイズのミクロの場を出た後は重力場を走るとみなしてよいでしょう。

その重力場は、重力源となるあらゆる物体から及んでいる重力場の運動と共にあり、それら全ての有効な運動速度ベクトルの合成として、その移動速度が決定される、と仮定されましょう。

effective travel-speed vectors of these objects.

Therefore, the background of light speed is certainly not stationary. At a particular place in space, the traveling speed of the gravitational field is specified as the rest frame of light. Facts that clearly exemplify this theory include those provided by the Michelson–Gale–Pearson experiment[*2] conducted in Illinois in 1925. This theory should be referred to as the law of light velocity, as following.

Next, I describe a calculation model for the background of light speed.

従って、光速の背景は絶対的に静止しているものではなく、宇宙空間のその場所における重力場の移動速度をもって光の静止座標として決定されるわけです。これらを裏づける事実を例示いたしましょう。1925年、米イリノイ草原で行なわれましたマイケルソン＝ゲイル＝ピアソンの実験[*2]はこの事実を如実に証明するものであります。

つぎに光速の背景を求める算定モデルを以下に例示いたします。

2.2 Specifying the transmission field for light

2.2.1 Composition of gravitational fields and determination of the absolute frame

Figure 2 shows an example of celestial bodies in space with mass *m* moving at velocity *V*; the respective values are listed on the right. The circles are auxiliary lines that show the distance from the origin. The direction of the arrow indicates the direction of travel of the celestial body, and the length of the arrow indicates its travel speed. *V*.

２．２　光の伝達場を特定する

２．２．1重力場の合成――絶対座標を決めるもの

下の第2図は宇宙空間に、質量ｍを持ち運動速度Ｖで動いている天体たちがあって、右表の値を持つ場合を例にとります。円は0からの距離を示す補助線、矢印の向きは天体の運動方向、長さは運動速さを表わすことにします。

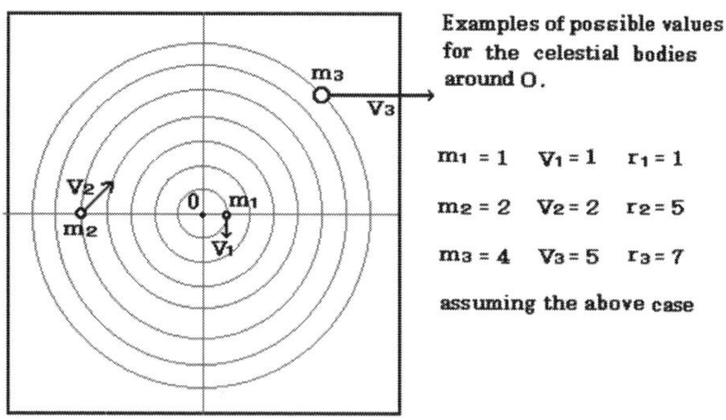

Figure 2

The following figure shows the influence that the movement of the gravitational field of each celestial body exerts on the origin (arbitrary point to investigate). The table shows the calculation formulae for this example. On the right, the compositions of υ_1,

下図は各天体の重力場の運動がO点にどれほど影響しているかを示します。その下の表はこの例での計算式、右図はその合成を拡大して示したものです。

υ_2 and υ_3 are shown in expanded form.

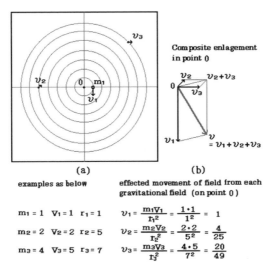

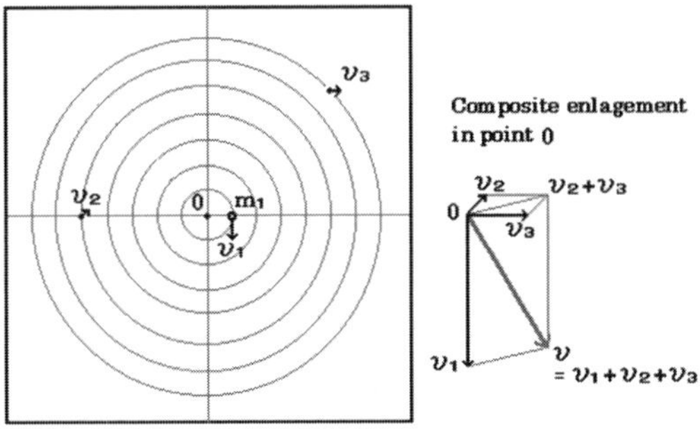

(a)　　(b)

examples as below　　effected movement of field from each gravitational field (on point 0)

$m_1 = 1 \quad V_1 = 1 \quad r_1 = 1 \qquad \upsilon_1 = \frac{m_1V_1}{r_1^2} = \frac{1 \cdot 1}{1^2} = 1$

$m_2 = 2 \quad V_2 = 2 \quad r_2 = 5 \qquad \upsilon_2 = \frac{m_2V_2}{r_2^2} = \frac{2 \cdot 2}{5^2} = \frac{4}{25}$

$m_3 = 4 \quad V_3 = 5 \quad r_3 = 7 \qquad \upsilon_3 = \frac{m_3V_3}{r_3^2} = \frac{4 \cdot 5}{7^2} = \frac{20}{49}$

Figure 3

The strength of exertion from the gravitational field generated by a point mass, m_3 (at a distance of $7r_1$ from the origin) on the origin would be, from Newton's law of universal gravitation, $1/(7r_1)^2$ compared with that of m_1. If the mass of m_3 is four times that of m_1, then the influence that speed V_3 exerts on the origin would be $V_3 \times 4\,m_1/(7r_1)^2$. This value is υ_3.

Now consider how this compares, as a ratio, to the gravitational movement of m_1. First, the effect that the speed of m_1 has on the origin is similarly calculated as $\upsilon_1 = V_1 \times m_1/{r_1}^2$.

If the earlier speed V_3 is five times that of V_1 (where V_1 is the speed of m_1), then υ_3 can be expressed as follows:

$$\upsilon_3 = 5V_1 \times 4m_1/(7r_1)^2.$$

The ratio of the absolute values with respect to υ_1 results in

$$\upsilon_3/\upsilon_1 = [5\,V_1 \times 4m_1/(7r_1)^2]/[V_1 \times m_1/{r_1}^2]$$

Thus, expressing ν_3 in terms of υ_1,

$$\upsilon_3 = [5 \times 4 \times {r_1}^2/(7r_1)^2]\upsilon_1$$
$$= [5 \times 4/49]\upsilon_1$$

第2図にある天体m_3を例にとりますと、O点から距離7 r_1にある質点m_3のつくる重力場がO点に及ぼす重力場の強さは、ニュートンの万有引力の法則から、m_1のそれに比べ$1/(7r_1)^2$になるでありましょう。質量m_3がm_1の4倍だとしますと、その運動速度V_3がO点に及ぼしている影響は$V_3 \times 4m_1/(7r_1)^2$となると考え、この値をυ_3とします。

これはm_1による重力場運動に対し、どれほどの比になるかをみますと、まずm_1がO点に及ぼす速さは、さきのような計算で、$\upsilon_1 = V_1 \times m_1/{r_1}^2$ということになります。

つぎに、さっきのV_3がm_1のもつ速さV_1の5倍あるとしますと、υ_3は

$$\upsilon_3 = 5V_1 \times 4m_1/(7r_1)^2$$

と表わせます。υ_1に対する絶対値の比をとってみますと

$$\upsilon_3/\upsilon_1$$
$$= [5V_1 \times 4m_1/(7\,r_1)^2]/[V_1 \times m_1/{r_1}^2]$$

従ってυ_3をυ_1で表わしますと

In the table in Figure 3, if $\upsilon_1 = 1 \times \upsilon_1$, then υ_3 would be

$$\upsilon_3 = (20/49)\upsilon_1.$$

Following the same logic using m_2 as another example, υ_2 can be obtained as $\upsilon_2 = (4/25)\upsilon_1$.

.

The compositions of υ_1, υ_2 and υ_3 (each representings the travel speed of the gravitational field that reaches the origin from the celestial body) are determined as shown in Figure 3(b).

These compositions are shown to be the same as V_1 in Figure 2, as the length of υ_1 is indicated by the expanded Figure 3(b).

First, a parallelogram is constructed to combine vectors υ_2 and υ_3 into the form $\upsilon_2 + \upsilon_3$. Then, using the same parallelogram construction method, this combined vector and υ_1 are further combined to obtain υ Bold letters indicate vector values.

This gravitational field movement υ reaching the origin point is the movement of the frame of light. Coordinates with the same speed as υ have a gravitational field movement speed of O from all celestial bodies. This frame is the absolute frame for light at the origin point and the background for light speed.

The general formula for this speed is as follows.

$$\vec{\upsilon} = K\,\Sigma \frac{G\, m_i V_i}{r_i^{\,2}} \quad \cdots\cdots\cdots(2.2.1)$$

Where G(m^3/kg sec^2) is the universal gravitational constant and, K(sec^2/m) is a given value.

If the sum of all gravitational fields from all celestial bodies is α, that is

$$\alpha = \sum G\, m_i/r_i^{\,2}.$$

Then, $K = 1/\alpha$.

Or, maybe

$$\vec{\upsilon} = \Sigma \frac{G\, m_i V_i}{r_i^{\,2}} / \Sigma \frac{G\, m_i}{r_i^{\,2}} \cdots\cdots\cdots(2.2.2)$$

Here if the universal gravitational constant G is really eternal, it will be

$$\vec{\upsilon} = \Sigma \frac{m_i V_i}{r_i^{\,2}} / \Sigma \frac{m_i}{r_i^{\,2}} \quad \cdots\cdots\cdots(2.2.3)$$

$$\upsilon_3 = [5 \times 4 \times r_1^{\,2}/(7r_1)^2]\upsilon_1$$
$$= [5 \times 4/49]\upsilon_1$$

となります。第3図、下の表で $\upsilon_1 = 1 \times \upsilon_1$ としますと、υ_3は

$$\upsilon_3 = (20/49)\upsilon_1 \text{です。}$$

m_2 を例にとっても、同様の考えから、そのυ_2は $\upsilon_2 = (4/25)\ \upsilon_1$と得られます。

各天体からO点に及ぶ重力場の運動速度υ_1、υ_2、υ_3をO点で合成するには、第3（b）図に示すベクトル合成によります。

これは第2図の V_1 と同じであるはずのものを、第3（b）図では拡大してυ_1の長さとして示してあります。図ではまずυ_2とυ_3を平行四辺形作図によって$\upsilon_2 + \upsilon_3$と合成し、この合成ベクトルとυ_1とを、同じ平行四辺形作図法によって合成し υを得ています。太字はベクトル値を示します。

O点に及んでいるこの重力場運動υが、光の座標の運動であります。このυと同じ速度をもつ座標では、全天体が及ぼしている重力場の運動速度はゼロであり、この座標こそがO点における光の絶対座標であり、光速の背景であります。一般式と致しましては

$$\vec{\upsilon} = K\,\Sigma \frac{G\, m_i V_i}{r_i^{\,2}}$$

（G（m^3/kg sec^2）は万有引力常数,

K（sec^2/m）は与えられる値）

として表わせましょう。ここで全天体から及んでいる重力場の総計をαとしますと、

$$\alpha = \sum G\, m_i/r_i^{\,2}$$

しかるに、K＝1／α として矛盾を見ません。

あるいは

$$\vec{\upsilon} = \Sigma \frac{G\, m_i V_i}{r_i^{\,2}} / \Sigma \frac{G\, m_i}{r_i^{\,2}} \cdots(2.2.2)$$

としてもよいでしょう。ここでもし万有引力常数Gが真に不変であるなら、

$$\vec{\upsilon} = \Sigma \frac{m_i V_i}{r_i^{\,2}} / \Sigma \frac{m_i}{r_i^{\,2}} \quad \cdots\cdots(2.2.3)$$

ということになります。

3. Results and Discussion

As this theory represents a radical departure from conventional understandings of the nature of light, no previous literature exists on the subject. Thus, the following discussion originates wholly with the authors.

3.1. Absolutely still space

According to our concept, celestial bodies are always in motion and change speeds constantly. Thus, their distance to one point in space is continually changing. Therefore, the rest frame of light has a different speed depending on its location in space. This will probably correspond to the absolute rest frames of each object. In other words, absolute rest frames are not uniformly stationary in all locations in space. Rather, each location has its own absolute rest frame at each moment. These rest frames have relative speeds compared to the absolute rest frames in other locations. In this sense, these frames should be referred to as relative rest frames.

However, the distance between one celestial body and another is normally very large, and because their relationship involves an inverse square, the influence is minute. In addition, with numerous celestial bodies in existence, influences will likely be mutually offset and equalized. Therefore, even if small celestial bodies move to some extent, it would mostly be correct to assume the rest frame of light in the vicinity is absolutely still. This is particularly true for frames without mass. Therefore, on Earth or another planet, the planet is the background for the velocity of light. As the distance from the planet increases, the Sun gradually becomes the background for the velocity of light.

3.2 Difference in calculation

According to this paper, with respect to the location of the MGP experiment, the relative motion of each parts of the geological layer moving with the Earth's rotation is applied as the gravitational field's movement speed at the ground

3. 結果と論議

本論における光速に関する理解は従来のものと異なるため先駆的文献や提論はありません。それゆえ論議は身内から起こらざるを得ません。

3. 1　絶対静止空間

本論に基づきますと、天体は常に運動しており、刻々その速度を変え、空間の1点に対する距離もまた、刻々変化しています。それゆえ、光の静止座標は空間の場所により、違った速度をもっています。おそらくこれは物体たちの絶対静止座標と一致しているでありましょう。つまり、絶対静止座標は宇宙の全ての部分で一様に静止しているわけではなく、空間の場所ごとにその瞬間での絶対静止座標をもち、他の場所の絶対静止座標とは互いに相対的な速度をもつのです。その意味では相対静止座標と呼ぶべきかもしれません。

しかし通常、天体と天体との距離は互いに非常に遠いものであり、逆2乗則のため影響は微小で、おまけに無数の天体たちによって相殺され平均化されておりましょう。それゆえ、小さい天体が少々動き回ったとしましても、その一帯で光の静止空間は絶対的に静止しているとみて、殆んど正しいのであります。まして、それ自体質量を持たない座標においてはそうです。すなわち地球や惑星上ではその惑星が、惑星から離れますと、次第に太陽が光速の背景となるわけです。

3. 2　伝達場の算定誤差について

本論によりますと、ＭＧＰ実験が行われた地表において、地球自転とともにある地質各層の実験地に対して影響する相対運動は、重力場運動速度としてそれらの各部から及んで

surface on which the experiment was conducted.

Since the total value obtained from the equation (2.2.3) is integrated over the entire Earth, the simple calculation of $\omega = \omega_0 \sin\theta$, based on the experimental location (latitude θ) and the Earth's rotational speed ω_0, should result in a slight difference.

Furthermore, we surmise that the officially accepted value c of light speed based on Michelson's measurements should slightly differ depending on the locations of Moon, Venus, and Mars respect to the Earth at the time of measurement.

います。

(2. 2. 3)式から得られるその総計は地球全体についての積分として与えられることになるため、実験地(緯度 θ)における回転速度ωを単純に地球自転角速度ω_0から$\omega_0 \sin\theta$とする算定は、それとは厳密にはわずかな差異を生じるはずです。

また、マイケルソンの測定により公認されている光速 c の値は、測定時期における月や金星あるいは火星の地球に対する位置によりそれぞれわずかに違う値を得たはずだと推察されます。

3.3 The velocity of light in space

It is known that, to maintain an object on the Earth's orbit around the Sun and keep it from falling into the Sun, it is sufficient to keep the object's tangential speed around 30 km/s just like the Earth. A space that is far away from the Earth and satisfies this condition can be considered an inertial frame as defined in the conventional theory. According to the conventional theory, with respect to this frame, the speeds of light traveling in the direction of the revolution and that traveling opposite to it should be the same.

However, based on the characteristics of light introduced in this paper, the measuring device for light speed is traveling at 30 km/s with respect to the Sun's gravitational field, which should be the rest frame for light. Therefore, it can be predicted that this would yield a difference (relative speed) of about 30 km/s between the each light speeds and c. We propose that an experiment should be performed in space to clarify whether this is true.

3. 3　宇宙空間における光速

例えば太陽からの距離が地球と同じ公転軌道上にあって太陽へ落下しないためには、地球と同じく接線速度およそ30㎞/sec の速さを保てばよいと知られています。この条件を満たし地球から十分離れた空間は在来理論に言う慣性系とされてよいでしょう。この座標において公転方向へ進む光と、それとは逆に進む光とは在来理論によれば速さは等しいとされるはずです。

しかし、今回発表する光の性質によりますと、光速を測定するための観測機材は、光の静止座標であるはずの太陽重力場に対して30㎞/sec の速さで運動しています。しかるに本論によりますと光速にはほぼ30㎞/sec の違い(相対速度)を観測すると予言することができます。宇宙空間で実際にこの実験が行われ、両者の正否が明らかにされることを発表者は期待しています。

4. Conclusion

This study is summarized as follows:

We can consider that light occurs as a vibration formed within the magnetic field. Light is transmitted at light speed c, through a magnetic field at the microscopic level and a gravitational

4.　結論

以上のことから、

光は物質のつくる場の振動として生じ、マクロには重力場の中を光速 c で伝播する。これは光の持つ性質であり、すなわち

field at the macroscopic level. Based on these principles, we proposed the following physical law

Law of light velocity

Law 1: Gravitational law for the speed of light

The gravitational field is the background for light, and light travels at c with respect to this background.

The value to c depends on the strength of the gravitational field and, therefore, is not constant.

Law 2: Law of gravitational field distribution

The background velocity of light in a given space is the sum of vectors of velocities of objects creating the gravitational field normalized by their ratios of Newton's law of universal gravitation.

The background velocity does not exceed that of the fastest moving object.

光速の法則

第一法則　光速の重力場法則

光は重力場を背景とし、この背景に対して常に光速 c で伝わる。

c の値は重力場の強度によって不変ではない。

第二法則　重力場分配の法則

ある空間における光の背景速度はその重力場をつくる物体らの運動速度を、各物体から及んでいるニュートンの万有引力則における万有引力の比で按分されたベクトル和として与えられる。

The speed of a gravitational field can be obtained from Law 2, as follow.

$$\vec{v} = \sum \frac{m_i V_i}{{r_i}^2} / \sum \frac{m_i}{{r_i}^2}$$

The frame with this velocity is the rest frame of light.

Acknowledgements

In this study, I have benefitted from the encouragement of a few close acquaintances. Moreover, I received considerable support from the publishing company (Shin-Shisakusha, Tokyo) proprietor, Mr. Koichi Koizumi.

More than anything, this study could not have been accomplished without the precious achievements of the late Dr. Albert Abraham Michelson, as well as　Mr. Henry G. Gale,　Mr.

と結論され、重力場の運動速度は第二法則から次式で与えられます。

$$\vec{v} = \sum \frac{m_i V_i}{{r_i}^2} / \sum \frac{m_i}{{r_i}^2}$$

これと同じ運動をする座標こそが光の静止座標ということになります。

謝辞

この考察に際しては、筆者の広くない交友諸君の力付けを、また出版社社主小泉孝一氏から少なからぬ力添えを、賜わりました。

なにより、ここへ導かれる契機となって提供された、今は亡き Albert Abraham Michelson 博士と、その、Henry G. Gale 氏、Fred Pearson 氏ほか協力者たちが残された貴

Fred Pearson and many other co-operators. Words are not enough to express my admiration of them.

We also thank Crimson Interactive Pvt. Ltd. (Ulatus) for their assistance in the translation and editing of this manuscript. The authors would also like to thank Enago (www.enago.jp) for the English language review.

Appendix:

＊1. It means A. Einstein.

＊2.The Michelson–Gale–Pearson experiment (1925, Illinois, U.S.A.).

Michelson–Gale–Pearson experiment

The outline of the Michelson–Gale–Pearson experiment is shown in Figure 4. An evacuated 12-inch pipe is horizontally constructed to form a 300 m×600 m rectangle.

重な功績なしには到達し得なかったものであり、その尊敬の念は筆舌に尽くし得ません。

また、本論の翻訳ならびに編集においてご助力をたまわった株式会社クリムゾンインタラクティブ(ユレイタス)に感謝いたします。

また、英査読を願った Enago に感謝いたします。

附録:

＊1. It means A. Einstein.

＊2. The Michelson-Gale-Pearson experiment (1925, Illinois, U.S.A.).

マイケルソン＝ゲイル＝ピアソンの実験

その概要は第4図の通り、真空化された12インチパイプを水平に300m×600m の長方形に組んだもの。

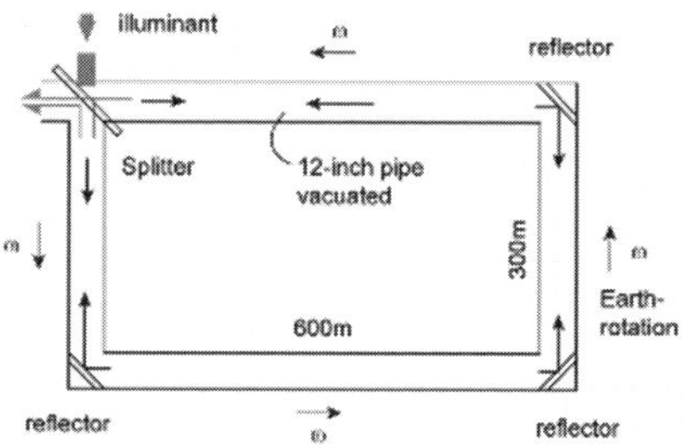

Figure 4

入射した光をスプリッターで別け、図のように互いに逆周回させると、地球自転 ω_0 による相対速度のため0. 25波長のずれを検出した。ここで、実験地の緯度を θ とすれば $\omega = \omega_0 \sin\theta$ となる。

2016. 4. 11

References

[1]Shankland RS. Michelson and his interferometer. Physics Today. 1974; 27(4).

[2]. Weart SR, Phillips M. editors: History of Physics. American Institute of Physics, New York, New York; 1985. pp. 40.

参照文献

Spencer R. Weart & Melba Phillips, editors;*HISTORY OF PHYSICS* , (American Institute of Physics, New York, New York 1985) p.40

Robert S. Shankland ; *Michelson and his interferometer* (PHYSICS TODAY/APRIL 1974)

[3]. Weart SR, Phillips M. editors: R*ekishi wo Tsukutta Kagakusha Tachi I* (Shigeko Nishio & Hiroyuki Konno, Trans.) (Tokyo, Maruzen; 1986). pp. 68.

西尾成子、今野宏之共訳;『歴史をつくった科学者たちⅠ』(HISTORY OF PHYSICS), (東京 丸善 1986)P.68

J. D. McGervey, Introduction to Modern Physics, *2nd ed.* New York: Academic Press, pp. 29-40.

J. D. McGervey, *Introduction to Modern Physics, 2nd ed.* New York; Academic Press, pp. 29-40.

[4] Michelson AA, Morley EW. On the Relative Motion of the Earth and the Luminiferous Ether. Amer. J. Sci. 1887; 34: 333-345.

Michelson, A. A.; Morley, E. W. *On the Relative Motion of the Earth and the Luminiferous Ether.* Amer. J. Sci. 34, 333-345, 1887.

[5] Michelson A, Pease F, Pearson F. Repetition of the Michelson-Morley Experiment. Nature. 1929; 123: 88.

Michelson, A; Pease, F; Pearson, *Repetition of the Michelson-Morley Experiment.* Nature, 123, 88, 1929

[6] Shankland RS. Michelson-Morley Experiment. Amer. J. Phys. 1964; 32: 16-35.

Shankland, R.S. *Michelson-Morley Experiment.* American Journal of Physics, 32, 16-35, 1964.

[7] Michelson A, Gale H. The Effect of the Earth's Rotation on the Velocity of Light. Astrophys. J. 1924; 61: 140-145.

Michelson, A; Gale, H. *The Effect of the Earth's Rotation on the Velocity of Light.* The Astrophysical Journal, 61, 140-145, 1924.

[8] Stedman GE. Ring-laser tests of fundamental physics and geophysics. Prog. Phys. 1997; 60: 615-688.

Stedman, G.E. *Ring-laser tests of fundamental physics and geophysics.* Progress in Physics 60,615-688(1997).

[9] Builder G. Ether and relativity. Australian J. Phys. 1958; 11: 279.

Builder, G. *Ether and relativity.* Australian Journal of Physics, 11, 279, 1958.

[10].Tamiaki Yoneya .Shyoho-karano Butsurigaku (*Physics from the Base*). Tokyo, Housoudaigaku Kyoiku Shinkokai(*The Society for the Promotion of the Open University of Japan*). 2012; pp. 68.

.Tamiaki Yoneya. Shyoho-karano Butsurigaku (*Physics from the Base*). Tokyo, Housoudaigaku Kyoiku Shinkokai(*The Society for the Promotion of the Open University of Japan*). 2012; pp. 68.

おわりに

理に合わぬ謎はおよそ解けた。知的に優れた人類が、なぜ大挙してこのような迷路に嵌まったのだろうか。愛すべき自らの研究室を、たまにはゆっくりと眺めてみるべきだったろう。糸口はいとも簡単なところにあった。

数年前、疑問に悶えていたある一人の考えをごく普通に採り上げ、出版の約束を下さったのは新思索社社主、小泉孝一氏だった。邪道と正論をたちまちに見抜かれる鋭い感覚をお持ちでありながら、気さくな方だった。筆者であったわたしは深く彼を尊敬し愛する。

わたしが不覚であったあいだに、悲しいお別れがあった。わたしはあの方と、後世に長く引き継がれる書物を遺したいものと思うようになっていた。

その後、空間論というこの萌芽を開花させてくれそうな出版社は現れなかった。電子書籍としての出版もやむを得まいところまで追い込まれる。思えば理学上の箔を求めるわけでもない本稿、なにも錚々たる学術出版社に無理を押して飾っていただくまでもない。いかなる分野、いかなる権威でも、このごく善良な科学思想を守ってくれそうな学術的権威としてすがるべき伝（つて）も、はや無用だったのである。

ともあれ、迫真社という奇遇を得た。本書『空間論』は逆風のうちにここで誕生する。関係諸氏には深く感謝の意を捧げたい。

これを読んで、ただならぬ書であると気づく若い研究者が現れ、採り上げ掘り下げてくれるかも知れない。そんな可能性という灯明を当てにしてみようと思う。

諸君は、どうか何度も読み直してくれて、間違いはないとお思いなら、後輩・知人にこの物理を是非とも伝えてくれ給え。そして正統な物理学を打ち立ててくれることに希望を抱きつつ筆を置きたい。

(2021. 2. 20)

参照文献

『量子力学序論』/ポーリング、ウィルソン共著/桂井富之助ほか共訳/白水社 1950. 5. 10

『アインシュタイン選集 I 』/湯川秀樹監修/井上健・谷川安孝・中村誠太郎共訳
/共立出版 1971

Robert S. Shankland: *Michelson and his interferometer* (PHYSICS TODAY/ 1974)

Spencer R. Weart & Melba Phillips, editors: in *HISTORY OF PHYSICS*
(American Institute of Physics, New York, New York 1985)

『実用レーザ技術』/平井紀光/共立出版 1987. 12

『超伝導 新訂版』/A. W. B. Taylor 著/田中節子訳/共立出版 1988. 2. 15

『電磁気学を考える』/今井功著/サイエンス社　初版 1990. 2. 25

『超伝導の量子統計理論』/藤田重次、S. ゴドイ共著
/シュプリンガー・フェアラーク東京㈱2001. 7. 15

『重力波をとらえる』/中村卓史・三尾典克・大橋正健　編著
/京都大学出版会　1998. 6. 10

『アインシュタインの嘘とマイケルソンの謎』/熊野宗治/新思索社 2008. 8

『相対性理論の世界』/ジェームズA・コールマン著/中村誠太郎　訳
/講談社ブルーバックス　1966. 8. 25

『世界の大発明・発見・探検　総解説』/自由国民社編集/自由国民社 1979. 4. 10

『マイケルソンと光の速度』/バーナード・ヤッフェ/藤岡由夫訳
/河出書房新社 1979. 12. 20

『科学技術史の裏通り――科学は非科学的に飛躍する？』/城阪俊吉著
/日刊工業新聞社/1986. 9. 29

『ホーキング宇宙を語る―ビッグバンからブラックホールまで』/ホーキング著
/早川書房 1989

『歴史をつくった科学者たち I 』/アメリカン・インスティテュート・オブ・フィジックス
/西尾成子・今野宏之共訳/　丸善 1989. 7

『ビッグバンはなかった　上』/エリック・J・ターナー/林　一　訳/河出書房新社 1993. 2

『超伝導の探究』/恒藤敏彦/岩波 1995. 5. 29

『強い磁場をつくる』/本河光博/岩波 2002. 4. 15

『超伝導でたどるメゾスコピックの世界』/栗原進/岩波 2004.9.29
『超伝導と超流動』/勝本信吾、河野公俊/岩波 2006.1.24
『幻子論』/熊野宗治/新思索社 2007.3

『科学教育論』世界教育学選集14　ランジュバン　/明図書出版 1961
『世界の名著　ニュートン』/責任編集、河辺六男/中央公論新社 1979.5
『世界の伝記―ガリレオ』/㈱ぎょうせい
『世界の伝記 34―ノーベル』/大野進　著/㈱ぎょうせい　1980.4
『サイエンス・アドベンチャー（上）』/カール・セーガン/中村保男訳
/新潮選書 1986.11.15.
『排除される知——社会的に認知されない科学』/R・ウォリス編　ウォリスほか 9 名筆
/高田紀代志　ほか　訳/青土社 1986.5
『科学的発見のパターン』/N・R・ハンソン/村上陽一郎訳/講談社 1986.6
『アインシュタインは正しかったか』/クリフォード・M・ウィル
/松田卓也・二間瀬敏史　訳/　TBS ブリタニカ　1989.3.6
『科学の運(発見と逸機の科学史)』/アレクサンダー・コーン/田中靖夫訳/工作舎 1990.3
アイザックアシモスの『科学と発見の年表』/アイザックアシモス/小山慶太、輪湖博　共訳
/丸善㈱1992.8.20
『それでもアインシュタインは間違っている』/　フィリップ・M・カナレフ
/徳間書店　1997.1
『知識と権力―クーン/ハイデガー/フーコー』/J(ジョゼフ)・ラウズ
/成定ほか共訳/法政大学出版局 2000.10.22
『論理的思考の技術』アルベルト・オリヴェリオ著/川本英明訳/大和書房 2004.2.5

『明解　西洋思想家辞典』/樺俊雄、岩上順一監修/東西堂　1961.2
平凡社『大百科事典』
『クロニック世界全史』講談社
『世界文化大百科事典』㈱世界文化社
写真出典:MGP 実験(Mchelson Museum)

『空間論』関係　科学者名

和　名	人　名	在年　国名	備考
アリストテレス	Aristotle	384～322 B.C　ギリシャ	
アルキメデス	Archimedes	287～212 B.C　ギリシャ	
アリスタルコス	Aristarchus	280B.C　ギリシャ	
プトレマイオス	Claudius Ptolemaeus	2世紀　83～168頃	
コペルニクス	Nicolaus Copernicus	1473～1543 ポーランド	
ｳｨﾘｱﾑ・ギルバート	William Gilbert	1544～1603 英	
ティコ・ブラーエ	Tycho Brahe	1546～1601 デンマーク	
ガリレオ・ガリレイ	Galileo Galilei	1564～1642 伊	
ヨハネス・ケプラー	Johannes Kepler	1571～1630 独	
トリチェリー	Evangelista Torricelli	1608～1647 伊	
グリマルディ	Francesco Maria Grimaldi	1618～1663 伊	
ブレーズ・パスカル	Blaise Pascal	1623～62 仏	数学者
ニュートン	Isaac Newton	1642～1727 英	
ガルヴァーニ	Luighi Galvani	1737～1798 イタリア	生物学者
ラヴォアジェ	Antoine -Laurent Lavoisier	1743～1794	化学者
ヴォルタ	Alessandro Giuseppe Volta	1745～1827 伊	
ベッセル	Friedrich Wilhelm Bessel	1784～1846 独	天文学者
フラウンホーファー	Joseph von Fraunhofer	1787～1826 独	
ｹﾞｵﾙｸ・ｼﾞｰﾓﾝ・オーム	Geork Simon Ohm	1787～1854 独	
マイケル・ファラデー	Michael Faraday	1791～1864 英	
ヘンリー	Joseph Henry	1797～1878 米	
マイヤー	Julius Robert von Mayer	1814～78 独	化学者
プレスコット・ジュール	James Prescott Joule	1818～89 英	
ヘルムホルツ	Hermann Ludwig Ferdinand von Helmholtz	1821～94 独	
ケクレ	Friedrich August Kekule Von Stradonitz	1829～96 独	化学者
マクスウェル	James Clerk Maxwell	1831～79	
メンデレーフ	Dmitry Ivanovich Mendeleyev	1834～1907 ロシア	
レントゲン	Wilhelm Conrad Rontgen	1845～1923 独	
アンリ・ベクレル	Antoine -henri Becquerel	1852～1908 仏	
マイケルソン	Albert Abraham Michelson	1852～1931 米（ﾌﾟﾛｼｱ生）	
ローレンツ	Hendrik Antoon Lorentz	1853～1928 蘭	
J・J・トムソン	Joseph John Thomson	1856～1940 英	
ヘルツ	Heinrich Rudolph Hertz	1857～94 独	
プランク	Max Karl Ernst Ludwig Planck	1858～1947 独	
レーナルト	Philipp Eduard Anton Lenard	1862～1947 独	
マリー・キュリー	Marie Sklodowska Curie	1867～1934 仏（ﾎﾟｰﾗﾝﾄﾞ生）	
ウィルソン	Charles Thomson Rees Wilson	1869～1959 ｽｺｯﾄﾗﾝﾄﾞ	
ラザフォード	Ernst Rutherford	1871～1937 英	
アインシュタイン	Albert Einstein	1879～1955 米（ﾄﾞｲﾂ生）	
ボーア	Niels Henrik David Bohr	1885～1962 デンマーク	
チャドウィック	James Chadwick	1891～1974 英	
パウリ	Wolfgang Pauli	1900～58 オーストリア	
ハイゼンベルク	Werner Karl Heisenberg	1901～76 独	
アンダーソン	Carl David Anderson	1905～91 米	
カメリン・オネス	Heike Kamerlingh Onnes	1853～1926 蘭	
マイスナー	Fritz Walther Meissner	1882～1974 独	

諸データ

光速； 29万9792ｋｍ／ｓｅｃ(地上で)。時速108億ｋｍ。(無重力宇宙では違うかもしれない)

銀河団間距離 ； 100万光年から1000万光年。

局所銀河団間距離 ； 20万光年から30万光年。

銀河の数 ； 1平方度あたり200～300万個、全体では800億個ほどか。

太陽～地球間距離 ； 1億4959万7870キロメートル。これが1AU（天文単位)。

1AU(天文単位)； 1億4959万7870ｋｍ

1光年＝94546億ｋｍ＝9.45×10^{12}ｋｍ＝63,203AU≒6.32×10^{4}AU＝6万3000AU

1ｐｃ（パーセク)＝3.26光年＝30.8×10^{12} ｋｍ

銀河の中心の周りを回る太陽系の運動速度と銀河の中心の速度の合計約370ｋｍ／ｓｅｃ。

大よその大きさ； 月の直径の4倍が地球、地球の10倍が木星、木星の10倍が太陽。

地球から太陽までの距離;太陽の107倍、太陽を転がしてなら34転がり、地球だと3740回転ころがった距離。

太陽

太陽赤道直径	139万2000ｋｍ（地球の109倍)、半径69万6000ｋｍ
地球まで	1億4959万7870ｋｍ
自転周期	25.38日(国立天文台調べ) 南北に行くに従ってゆっくりになり、極地では34日までになる。26.9＋5.2sin^{2}Φ, Φ;緯度（理科年表1992版)
平均密度	1.41ｇ／ｃm^{3}
赤道重力	273.45m／ｓｅｃ^{2} （対地球比28.01)
質量	1.9891×10^{30}ｋｇ 太陽系の99.9%を占める(対地球比332946)
脱出速度	618ｋｍ／ｓｅｃ

中心部の原子核反応で発光。

外部に100万℃のコロナ。表面温度6000℃ 黒点4500℃ 有効温度5780K

太陽からの脱出速度はおよそ毎秒600キロメートル。光速の0．2％

地球

直径　1万2756ｋｍ
自転周期　1日
自転角速度　7．72×10^{-5}ラジアン／秒

公転周期　365．26日
公転速度　30ｋｍ／ｓｅｃ
脱出速度　11ｋｍ／ｓｅｃ
密度　5．52ｇ／ｃm^3
赤道重力　9．8m／ｓｅc^2
質量　対太陽比30．404×10^{-7}

火星

直径　6794ｋｍ
自転周期　1．0260日
公転周期　1．881年
公転速度　24．08ｋｍ／ｓｅｃ
脱出速度　5．02ｋｍ／ｓｅｃ
密度　3．93ｇ／ｃm^3
赤道重力　対地球比0．38
質量　対太陽比3．227×10^{-7}　対地球比0．107

研究機関

高エネルギー加速器研究機構ＫＥＫ

ＫＥＫ　〒305-0801　茨城県つくば市大穂1－1　TEL　029-864-5115

宇宙航空研究開発機構　ＪＡＸＡ

ＪＡＸＡｉ　〒100-8260　東京都千代田区丸の内1－6－4

種子島宇宙センター　〒891-3793　鹿児島県熊毛郡南種子町大字茎永字麻津

宇宙科学技術館　TEL　0997-26-9244

つくば宇宙センター　〒305-8505　茨城県つくば市千現2－1－1　TEL　029-868-2023

国立天文台

三鷹キャンパス　〒181 - 8588 三鷹市大沢2－21－1　0422 - 34 - 3600

水沢観測所　〒023 - 0861　岩手県水沢市星ガ丘2－12

岡山天体物理観測所　〒719 - 0232　岡山県浅口郡鴨方町大字本庄3037－5

野辺山宇宙電波観測所　〒384 - 1305　長野県南佐久郡南牧村野辺山462－2

ハワイ観測所（ヒロベース）650 North A'ohoku Place, Hilo, Hawaii 6720　USA

NASA NASA Headquarters　300 E St. SW, Washington, D.C.

アメリカ国立光学天文台　NOAO　(National Optical Astronomy Observatory)

950 North Cherry Ave. Tucson, AZ 85719. USA　TEL 代表 520 - 318-8000

(NOAO は米国すべての天文学者に高性能の天体望遠鏡を提供している)

物理学上のおもな発見と発見者年表

年代	発見・提唱事項	発見者（生国）
400B.C.頃	原子論	デモクリトス（ギリシャ）
300B.C.頃	光の直進，反射の法則	ユークリッド（ギリシャ）
280B.C.頃	月、太陽の大きさ、太陽中心説	アリスタルコス（ギリシャ）
250B.C.頃	アルキメデスの原理	アルキメデス（ギリシャ）
150B.C.頃	地球中心の宇宙	ヒッパルコス（ギリシャ）
150	地球中心の宇宙	プトレマイオス（ギリシャ）
1543	地動説の提唱	コペルニクス（ポーランド）
1600	磁石の諸性質	ギルバート（英）
1604	落体の法則	ガリレオ（イタリア）
1609	ケプラーの第１第２法則	ケプラー（独）
1619	ケプラーの第３法則	ケプラー（独）
1620頃	光の屈折の法則	スネル（蘭）
1620頃	慣性の法則、運動量の保存	デカルト（仏）
1643	トリチェリの真空	トリチェリ（イタリア）
1648	大気圧の証明	パスカル（仏）
1660頃	光の回折現象	グリマルディ（イタリア）
1660	フックの法則	フック（英）
1661	フェルマーの定理	フェルマー（仏）
1662	ボイルの法則	ボイル（英）
1666	光のスペクトル	ニュートン（英）
1673	振子および遠心力の理論	ホイヘンス（蘭）
1675	ニュートン環	ニュートン（英）
1675	光の速度	レーマー（デンマーク）
1678	光の波動説	ホイヘンス（蘭）
1686	活力の保存	ライプニッツ（独）
1687	運動の法則	ニュートン（英）
1687	万有引力	ニュートン（英）
1738	ベルヌーイの定理	ダニエル・ベルヌーイ（スイス）
1744	最小作用の原理	モーペルチュイ（仏）、オイラー（スイス）
1752	雷の本性	フランクリン（米）
1755	流体力学の方程式	オイラー（スイス）
1761	潜熱、熱容量の発見	ブラック（英）
1780	動物電気	ガルバーニ（イタリア）
1785～89	磁気・電気のクーロンの法則	クーロン（仏）
1798	摩擦による熱の発生	ランフォード（英）
1798	万有引力定数の測定	キャベンディッシュ（英）
1799	ボルタ電池	ボルタ（イタリア）
1800	赤外線	W・ハーシェル（英）
1801	紫外線	リッター（独）
1801	光の干渉、三原色の説	ヤング（英）
1802	気体の熱膨張の法則	ゲイ・リュサック（仏）
1803	ドルトンの法則（気体の圧力）	ドルトン（英）
1814	太陽スペクトルの黒線	フラウンホーファー（独）
1815	偏光角の法則	ブルースター（英）

1816～19	光の回折、偏光の波動論	フレネル（仏）
1820	電流の磁気作用	エルステッド（デンマーク）
1820	アンペールの法則	アンペール（仏）
1820	ビオ＝サバールの法則	ビオ（仏）、サバール（仏）
1821	回折格子による光の波長測定	フラウンホーファー（独）
1824	カルノーの定理	カルノー（仏）
1826	オームの法則	オーム（独）
1827	ブラウン運動	ブラウン（英）
1831	電磁誘導	ファラデー（英）
1832	自己誘導	ヘンリー（米）
1833～41	地磁気の絶対測定	ガウス（独）、ウェーバー（独）
1834	レンツの法則	レンツ（ロシア）
1835	コリオリの力	コリオリ（仏）
1840	電流の熱作用の法則	ジュール（英）
1842	ドップラーの原理	ドップラー（オーストリア）
1842	エネルギーの保存、熱の仕事当量	マイヤー（独）
1843	熱の仕事当量	ジュール（英）
1847	エネルギー保存の法則	ヘルムホルツ（独）
1849	地上での光速の測定	フィゾー（仏）
1850	熱力学の第二法則	クラウジウス（独）
1850	光速度測定による波動説の証明	フーコー（仏）
1851	熱力学の第二法則	ケルビン（英）
1851	地球回転の証明	フーコー（仏）
1854	ジュール＝トムソン効果	ジュール（英）、トムソン（英）
1855	渦電流	フーコー（仏）
1858	陰極線の蛍光作用、磁気偏曲	プリュッカー（独）
1859	スペクトル分析の基礎	キルヒホッフ（独）、ブンゼン（独）
1860	キルヒホフの法則（輻射）	キルヒホッフ（独）
1861	電磁場の方程式	マクスウェル（英）
1861	光の電磁場説	マクスウェル（英）
1865	エントロピー増大の原理	クラウジウス（独）
1869	陰極線の直進性	ヒットルフ（独）
1881	マイケルソンの実験	マイケルソン（米）
1884	エジソン効果（熱電子）	エジソン（米）
1887	光電効果	ヘルツ（独）
1887	マイケルソン＝モーリーの実験	マイケルソン（米）、モーリー（米）
1888	電磁波の実験的証明	ヘルツ（独）
1892	短縮仮説	ローレンツ（蘭）
1895	運動物体の電磁光学理論	ローレンツ（蘭）
1895	X線	レンチェン（独）
1896	ウラニウムの放射能	ベクレル（仏）
1896	ゼーマン効果	ゼーマン、ローレンツ（蘭）
1897	電子の存在確認	トムソン（英）
1898	ラジウム	キュリー夫妻（仏、ポーランド）
1900	輻射論・作用量子	プランク（独）
1901	熱電子	リチャードソン（英）
1902	翼の揚力理論	クッタ（独）
1903	放射性元素の崩壊説	ラザフォード（英）、ソディー（英）

1903	電子の質量の速度による変化	カウフマン（独）
1905	特殊相対性理論	アインシュタイン（独）
1905	光量子仮説	アインシュタイン（独）
1906	熱力学第三法則	ネルンスト（独）
1906	固体比熱の理論	アインシュタイン（独）
1907	四次元時空世界の概念	ミンコフスキー（ロシア）
1908	α粒子＝ヘリウム原子核を実証	ラザフォード（英）、ロイズ（英）
1911	霧箱の発明	C.T.R.ウィルソン（英）
1911	超伝導	カメリング・オネス（蘭）
1911	原子核の存在	ラザフォード（英）
1911〜12	宇宙線の発見	ヘス（オーストリア）
1912	結晶によるX線の回折	ラウエ（独）
1913	原子構造の量子論	N・ボーア（デンマーク）
1914	原子のエネルギー準位	プランク（独）、ヘルツ（独）
1915	水素スペクトルの微細構造理論	ゾンマーフェルト（独）
1916	一般相対性理論	アインシュタイン（独）
1919	α粒子による原子核破壊	ラザフォード（英）
1921	原子の磁気能率	シュテルン（独）、ゲルラッハ（独）
1922	コンプトン効果	コンプトン（米）
1923	物質波概念	ド・ブロイ（仏）
1925	地球自転の光学的検出	マイケルソン、ゲイル、ピアソン（共に米）
1925	電子の自転の考え	クローニッヒ（蘭）ハウトシュミット
1925	電子スピン	（蘭）、ウーレンベック（蘭）
1926	波動力学	シュレディンガー（独）
1927	不確定性原理	ハイゼンベルク（独）
1928	強磁性体の理論	ハイゼンベルク（独）
1928	相対論的電子方程式	ディラック（英）
1928	α崩壊の理論、トンネル効果	ガモフ（ソ連）
1929	相対論的場の量子論	ハイゼンベルク（独）、パウリ（オーストリア）
1929	統一場の理論	アインシュタイン（独）
1929	ハッブルの膨張法則	ハッブル（米）、ルメートル（ベルギー）
1930	サイクロトロン	ローレンス（米）、リビングストン（米）
1931	ニュートリノ仮説	パウリ（オーストリア）
1932	中性子	チャドウィック（英）
1932	陽電子	アンダーソン（米）
1933	β崩壊の理論	フェルミ（イタリア）
1933	超伝導体のマイスナー効果	マイスナー（独）、オクセンフェルト（独）
1935	中間子論	湯川秀樹（日）
1938	ウランの核分裂	ハーン（独）、シュトラスマン（独）
1941	量子流体力学	ランダウ（ソ連）
1942	強誘電性	ヒッペル（米）
1942	核分裂連鎖反応の持続	フェルミ（イタリア）ら
1945	シンクロトロン	マクミラン（米）、ベクスラー（ソ連）
1946	核磁気共鳴	ブロッホ（スイス）、パーセル（米）
1946	ビッグバン理論	ガモフ（米）
1947	２種の中間子の存在	パウエル（英）、
1947	V粒子発見	ローチェスター（英）、バトラー（英）
1948	くりこみ理論	朝永振一郎（日）、シュウィンガー（米）

1948	フェリ磁性	ネール（仏）
1949〜59	新粒子（Λ，Σ，Ξ，K）発見	パウエル（英）、アンダーソン（米）
1951〜53	原子核の集団運動	A・ボーア（デンマーク）、レインウォーター（米）
1953	泡箱	
1956	反中性子の確認	グレイサー（米）
1957	超伝導の理論	ピッチオーニ（イタリア）
1958	半導体におけるトンネル効果	バーディーン（米）ら 江崎玲於奈（日）
1960	超伝導体におけるトンネル効果	ギェバー（ノルウェー）
1962	２種のニュートリノ	ブルックヘブン研究所グループ
1962	超伝導体のトンネル接合	ジョセフソン（英）
1965	３K宇宙背景放射	ペンジアス（米）、ウィルソン（米）
1967	統一理論	ワインバーグ（米）、サラム（パキスタン）
1974	新粒子Ｊ，ϕの発見	リヒター（米）、ティン（米）
1980	量子ホール効果の発見	フォン・クリッツイング（独）ら
1983	W，Z粒子の発見	ルビア（米）ら
1986	酸化物超伝導体の発見	ベドノルツ（スイス）、ミューラー（スイス）
1987	ニュートリノ「カミオカンデ」で検出	小柴 昌俊（日）
1996	ボース＝アインシュタイン凝縮の達成	コーネル（米）、ワイマン（米）
2008	光速の法則	熊野宗治（日）
2011	光より速いニュートリノ発表	名古屋大学（小松雅宏淳教授ほか）を含む国際研究グループ

著者プロフィール

身軽村 若愚　(Michalson Young)

1941年　長崎県にて生。初期には革新的建築を試み、後半は自然科学分野、特に物理学に傾倒。真実の究明にこそ喜びがあり、学位や権威を強いて求めなくなった。既刊『幻子論』2007年新思索社および『アインシュタインの嘘とマイケルソンの謎』同社に関与。

未公開論文
『光速の背景(Background Regarding the Speed of Light)』
2016年

空間論　存在への奇跡

——われわれはどこから生まれてきたのか、生まれてきた結果のこの空間とは何か

2021年11月30日　第1刷発行

著者—身軽村 若愚
発行者—熊野 宗治
発行所—株式会社 迫真社
　　出版部 —〒305-0861 茨城県つくば市谷田部1144－509
TEL—029-838-0799
http://www.aiu-plan.co.jp
ISBN—978-4-9912049-1-3
JAN-C3042¥2600E
N.D.C—421.1

印刷・製本—三美印刷株式会社
